上海大学出版社

2005年上海大学博士学位论文 47

U0358896

平行机半在线排序问题

- 作 者：罗润梓

- 专 业：运筹学与控制论

- 导 师：孙世杰

Shanghai University Doctoral
Dissertation (2005)

Semi on-line Parallel Machine Scheduling Problems

Candidate: Luo Runzi
Major: Operations Research and Cybernetics
Supervisor: Sun Shijie

Shanghai University Press
• **Shanghai** •

上 海 大 学

　　本论文经答辩委员会全体委员审查,确认符合上海大学博士学位论文质量要求.

答辩委员会名单:

主任: 濮定国　教授,同济大学　　　　　　　　200090

委员: 王哲民　教授,复旦大学　　　　　　　　200433

　　　朱德通　教授,上海师范大学　　　　　　200234

　　　唐国春　教授,上海第二工业大学　　　　201209

　　　康丽英　教授,上海大学　　　　　　　　200444

　　　孙小玲　教授,上海大学　　　　　　　　200444

　　　秦成林　教授,上海大学　　　　　　　　200444

导师: 孙世杰　教授,上海大学　　　　　　　　200444

答辩委员会对论文的评语

排序理论是运筹学组合优化的重要分枝,有广泛的应用背景和深刻的理论意义。半在线排序是近十年来新出现的研究领域,它研究不完全(部分)信息下在线算法的设计与分析,该博士论文主要取得了以下成果:

1. 已知工件最大加工时间的半在线模型,给出了问题 $Q_3 \parallel C_{\min}$ 的一个竞争比为 $\max\left\{r+1, \dfrac{3s+r+1}{1+r+s}\right\}$ 的算法,对 $Q_m \parallel C_{\min}$ 的一个特殊情形,也给出了一个算法。

2. 同一半在线模型,给出了问题 $Q_2 \parallel C_{\max}$ 的一个竞争比为 $\begin{cases} \dfrac{2(s+1)}{s+2} & 1 \leqslant s \leqslant 2 \\ \dfrac{s+1}{s} & s > 2 \end{cases}$ 的算法。对 $Q_3 \parallel C_{\max}$ 给出了一个竞争比为 $\begin{cases} \dfrac{2(r+s+1)}{2r+s} & 1 < s \leqslant 2 \\ \dfrac{r+2s+1}{r+s} & s > 2 \end{cases}$ 的算法。还进一步讨论了一个特殊的三台机情形和 m 台机情形。

3. 对已知工件总加工时间模型,给出了问题 $Q_2 \parallel C_{\min}$ 的一个竞争比为 $\dfrac{2+\sqrt{2}}{2}$ 的算法。对 $P2, r_i \mid sum \mid C_{\min}$ 给出了竞争比为 $\sqrt{2}$ 的算法。

4. 讨论了已知工件最大加工时间在某一区域内的半在

线问题,给出了解 $P2\|C_{max}$, $P2\|C_{min}$ 的算法,并分析了竞争比及问题的下界。

该文给出的一些算法,其设计方法具有新意,关于其竞争比的分析有较高难度,成果也较丰富,表明罗润梓同学已具有扎实的数学、运筹学基础,较全面的排序理论知识,有较强的独立科研能力。答辩委员会认为这是一篇优秀的论文,答辩委员会 一致通过论文的答辩并建议授予其博士学位.

答辩委员会

2005.6.4

答辩委员会表决结果

经答辩委员会表决,全票同意通过罗润梓同学的博士学位论文答辩,建议授予理学博士学位.

答辩委员会主席:濮定国

2005 年 6 月 4 日

摘　　要

本文主要考虑平行机半在线排序问题. 本文首先简要介绍了排序问题、竞争比分析和近似算法等基本概念, 总结了近年来出现的各个半在线模型及其有关结果.

第二章考虑已知工件最大加工时间的半在线模型, 目标为极大化最小机器负载. 主要讨论两个问题: 1　三台同类机的情形, 我们给出 min3 算法并且证明此算法的竞争比为 $\max\left\{r+1, \dfrac{3s+r+1}{1+r+s}\right\}$. min3 算法是紧的且当 $1 \leqslant s \leqslant 2$、$r=1$ 时是最优的. 2　m 台特殊同类机问题, 我们给出 $C_{\min}$ 算法及其竞争比 $\max\left\{m-1, \dfrac{ms+m-1}{m-1+s}\right\}$, 并证明 $C_{\min}$ 算法是紧的且当 $1 \leqslant s \leqslant (m-1)(m-2)(m \geqslant 3)$ 时是最优的.

第三章考虑已知工件最大加工时间的半在线问题, 目标为极小化机器最大负载. 主要讨论四个问题: 1　对于两台同类机的问题, 我们给出竞争比分别为 $\dfrac{2(s+1)}{s+2}$ $(1 \leqslant s \leqslant 2)$ 和 $\dfrac{s+1}{s}$ $(s > 2)$ 的 Qmax2 算法, 并且证明此算法是紧的且相应某些 s 的特殊值是最优的. 2　对于三台同类机半在线问题, 我们给出 Qmax3 算法并证明此算法的竞争比不大于 $\dfrac{2(r+s+1)}{2r+s}$ $(1 < s \leqslant 2)$ 和 $\dfrac{r+2s+1}{r+s}$ $(s > 2)$ 且严格小于 2. 3　对于三台特殊同类机问题,给出 $Q\text{max}3t$ 算法并证明其竞争比不大于 $\dfrac{s+2}{2}$ $(1 \leqslant s \leqslant 2)$ 和 $\dfrac{s+2}{s}(s > 2)$ 且恒小于 2.4 最后我们考虑 m 台同型机问题,给出一个竞争比为 $\dfrac{2m-3}{m-1}$ 的 $C_{\max}$ 算法并证明此算法对任何 $m \geqslant 3$ 是紧的.

第四章中,我们考虑已知工件总加工时间的两台同类机半在线问题,目标为极大化最小机器负载. 我们给出 $Q2\min$ 算法并证明此算法的竞争比小于 $\dfrac{2+\sqrt{2}}{2}$,而此问题竞争比的下界为 $\dfrac{1+\sqrt{5}}{2}$. 同时证明当 $s = \dfrac{1+\sqrt{5}}{2}$ 时 $Q2\min$ 算法是最优的.

在第五章中,我们考虑带机器准备时间的已知工件总加工时间的半在线问题. 第一节考虑 $P2, r_i \mid sum \mid C_{\min}$ 问题,给出 $Pr\!sum$ 算法并证明此算法的竞争比为 $\dfrac{3}{2}$ 且是最优算法. 在第二节则考虑 $Q2, r_i \mid sum \mid C_{\max}$ 问题,给出 $Qr\!\max$ 算法并证明此算法的竞争比为 $\sqrt{2}$;同时给出此问题的一个下界.

第六章我们首先引进一个新的半在线术语:半在线模型的松弛,然后我们介绍一个新的半在线模型:已知工件最大加工时间在某一区域内,即 *known largest job interval* 模型. 第一节考虑 $P2 \mid known \; largest \; job \; interval \mid C_{\max}$ 问题,我们给出 *Pinterval* 算法及其竞争比,并证明此竞争比是紧的且与最优竞争比的误差不超过 $\dfrac{4}{33}$. 第二节考虑 $P2 \mid knownl \; argest \; job \; interval \mid$

$C_{\min}$ 问题，我们给出 *Pinterval* 算法的竞争比，并证明此竞争比是紧的且与最优竞争比的误差不超过 $\dfrac{1}{4}$.

关键词 排序问题，半在线，竞争比

Abstract

This paper studies semi online parallel machine scheduling problems. In the first we introduce basic notions of scheduling problems, competitive analysis and approximation algorithm, summarize semi online models and their results which appear in recent years.

In Chapter 2, we investigate semi online scheduling problems where the largest processing time of all jobs is known in advance. The goal is to maximize the minimum machine completion time. In this chapter, we mainly consider two problems: 1   For the case of three uinform machines, we present min3 algorithm and show its competitive ratio is $\max\left\{r+1, \dfrac{3s+r+1}{1+r+s}\right\}$ which is tight and optimal for $1 \leqslant s \leqslant 2$、$r = 1$. 2   For a special case of m uniform machines, we provide $C_{\min}$ algorithm and show its competitive ratio is $\max\left\{m-1, \dfrac{ms+m-1}{m-1+s}\right\}$ which is tight and optimal for $1 \leqslant s \leqslant (m-1)(m-2)(m \geqslant 3)$.

In Chapter 3, we consider the semi online scheduling problems where the largest processing time of all jobs is known in advance. The objective is to minimize the maximum machine completion time. We mainly consider four problems: 1   We give $Q\max2$ algorithm whose competitive ratio is $\dfrac{2(s+1)}{s+2}$ $(1\leqslant s\leqslant 2)$ and $\dfrac{s+1}{s}$ $(s>2)$ for two uniform machines case, and show $Q\max2$ algorithm is tight and optimal for some s. 2   For the case of three uniform machines, we present $Q\max3$ algorithm whose competitive ratio is not greater than $\dfrac{2(r+s+1)}{2r+s}$ $(1<s\leqslant 2)$ and $\dfrac{r+2s+1}{r+s}$ $(s>2)$ but strictly less than 2. 3   If the machine are three special machines, we provide $Q\max3t$ algorithm whose competitive ratio is not greater than $\dfrac{s+2}{2}$ $(1\leqslant s\leqslant 2)$ and $\dfrac{s+2}{s}$ $(s>2)$ but strictly less than 2. 4   Finally, we investigate m identical parallel machines case. We give $C_{\max}$ algorithm and show its competitive ratio is $\dfrac{2m-3}{m-1}$ which is tight for every $m\geqslant 3$.

In Chapter 4, we study such scheduling problem where the total processing times of all jobs is known in advance on two uniform machines with objective to maximize the minimum machine completion time. We propose $Q2\min$ algorithm and show its competitive ratio is less than $\dfrac{2+\sqrt{2}}{2}$, while the lower bound is $\dfrac{1+\sqrt{5}}{2}$. We also prove the $Q2\min$ algorithm is optimal for $s=\dfrac{1+\sqrt{5}}{2}$ case.

In Chapter 5, we consider semi online scheduling

problem where the total processing time is known in advance with nonsimultaneous machine available times. In the first section, we investigate $P2, r_i \mid sum \mid C_{\min}$ problem. We present *Prsum* algorithm and show its competitive ratio is $\dfrac{3}{2}$ which is optimal. In the second section, we study $Q2$, $r_i \mid sum \mid C_{\max}$ problem. We propose *Qrmax* algorithm whose competitive ratio is $\sqrt{2}$.

In Chapter 6, we introduce a new terminology: relaxation of semi online model and a new semi online model: *known largest job interval*. In the first section, we investigate $P2 \mid known\ largest\ job\ interval \mid C_{\max}$ problem. We present *Pinterval* algorithm which is tight and show the the difference between its competitive ratio and the optimum does not excess $\dfrac{4}{33}$. In the second section, we study $P2 \mid known\ largest\ job\ interval \mid C_{\min}$ problem. We show the competitive ratio of *Pinterval* algorithm is tight and the the difference between its competitive ratio and the optimum does not excess $\dfrac{1}{4}$.

Key words　Scheduling, Semi online, Competitive ratio

目　　录

第一章　绪　　论

§1.1　排序问题

　　排序(scheduling)问题是一类有着重要理论意义和广泛实际背景的组合优化问题[55, 56, 64]，其实质是寻求对需完成的任务的合理安排以得到某种意义下的最优结果. 它在生产计划调度、信息处理、公用事业管理等诸多方面具有大量的应用.《美国国防部与数学科学研究》[65]的报告认为：20 世纪 90 年代以至整个 21 世纪数学发展的重点将从连续的对象转向离散的对象，并且组合最优化将会有很大的发展."因为在这个领域内存在大量急需解决而又极端困难的问题，其中包括如何对各个部件进行分隔、布线和布局的问题."而分隔、布线和布局就与排序有关. 同时，排序问题与理论计算机科学和离散组合数学存在密切的联系. 从 1954 年 Johnson 第一篇经典排序论文[36]问世以来的半个世纪中全世界已经发表了排序文献 2 千多篇. 排序问题的长足发展，特别是新型排序的丰硕成果使排序论已经成为发展最迅速、研究最活跃、成果最丰硕、前景最诱人的学科领域之一.

　　在排序文献中，习惯上把需要完成的任务称为工件(job)，工件集用 $J = \{J_1, J_2, \cdots, J_n\}$ 来表示. 把完成任务需要的资源称为机器(machine)，机器集用 $M = \{M_1, M_2, \cdots, M_m\}$ 来表示. 工件 J_j 的加工时间用 p_j 表示，在文中也用 p_j 指代工件 J_j. 对某个给定的目标函数我们希望能够找到一个可行的排序(schedule)使其达到最大(或最小). 这里的可行一般指在同一时刻一台机器上至多能加工一个工件，一个工件也只能在一台机器上加工，并且该排序满足问题的特定

1

要求.

排序问题按静态（static）和动态（dynamic）、确定性（deterministic）和非确定性（non-deterministic）可以分为四类. 对于静态的确定性排序问题,我们习惯上用三参数法来表示. 1967 年 Conway[11] 等首先提出用四个参数来表示排序问题,1979 年 Graham[20] 等提出改用三参数即用 $\alpha|\beta|\gamma$ 来表示一个排序问题. 其中 α、β、γ 分别代表特定的机器环境、工作特征和最优准则.

机器环境用来描述机器的数量,不同机器之间的关系等与机器有关的性质. 机器可以分为两大类: 通用平行(parallel)机和专用串联(dedicated)机. 对于不允许中断加工的情况来讲,一个工件在 m 台平行机器上加工只需要在 m 台机器中的任何一台机器上加工一次即可;一个工件在 m 台串联机上的加工则需要在这 m 台机器中的每一台机器上都加工一次. 平行(parallel)机又可以分为三类:具有相同加工速度的同型(identical)机、具有不同加工速度但此速度不依赖于工件的同类(uniform)机和随加工的工件不同加工速度也不同的非同类(unrelated)机. 在三参数表示法中它们分别用 P,Q,R 表示. 串联(dedicated)机也可以分为三类: 每个工件以特定的相同的机器次序在机器上加工的流水作业(flow shop)、工件依次在机器上加工的次序可以任意的自由作业(open shop)和每一个工件以各自特定的机器次序进行加工的异序作业(job shop).

工作特征一般可用工件的加工时间、工件可以开始加工的时间、工件相互之间的依赖关系等来刻画.

在经典的排序文献中,我们根据排序者在排序时掌握工件信息的多少把排序问题分为离线(offline)和在线(online)两类. 在离线问题中,全部工件的所有信息 都已知,排序者可以充分利用上述信息对工件进行安排. 而对在线问题,其基本假设有两条:(1)工件的信息是逐个释放的,即工件 p_{j+1} 的信息只有在排序者对工件 p_1, $p_2,\cdots,p_j$ 作出安排后才会被排序者所知;(2)工件加工不可改变,即一旦排序者将工件安排给某台机器加工,在其后的任何阶

段不能 以任何方式加以改变. 在实际需要的大力推动和理论工作者的不懈努力下, 1996 年出现了一种新的排序概念——半在线 (semi online) 排序问题. 有关半在线排序问题, 我们将在后面的小节中详细讨论.

排序作为一个最优化问题的优化目标通常是一个一维实数. 我们用 C_j 表示在某排序下工件 p_j 的完工时间, $j = 1, 2, \cdots, n$, 用 l_i 表示机器 M_i 的完工时间, $i = 1, 2, \cdots, m$. 记 $C_{\max}^M = \max_i l_i$, $C_{\max}^J = \max_j C_j$, 分别称为最大机器完工时间和最大工件完工时间(极小化目标). 在经典的平行机排序中, 总假设机器自零时刻开始可以加工工件, 此时有 $C_{\max}^M = C_{\max}^J$, 统称为排序的 makespan, 记为 $C_{\max}$. 而当机器存在准备时间时, 两者未必相同[41]. 记 $C_{\min} = \min_i l_i$, 称为最小机器负载(极大化目标). 本文主要讨论 $C_{\max}$、$C_{\min}$ 这两个目标函数. 文献中常见的其他目标函数还有总完工时间、最大延误时间、最大误工时间等[12,50].

§1.2 近似算法和竞争比分析

排序问题的算法(algorithm)是指一个预先制定执行的程序, 对这个排序问题的任何一个具体的实例(instance), 按照这个程序操作后都可以得到一个可行的排序. 解离线问题的算法称为离线算法, 解在线问题的算法称为在线算法. LPT 算法[23] 和 LS 算法[22] 分别是经典的离线和在线算法.

将实例通过某种规则编码后输入计算机所占用的字节数称为该实例的输入长度. 对某一个可能的输入长度, 算法解此输入长度的最坏可能实例所需要的基本运算次数称为该算法的时间复杂性 (函数). 如果存在一个多项式函数 $p(n)$, 使得算法的时间复杂性 $O(p(n))$, 这里 n 为输入长度, 那么称该算法为多项式时间算法, 否则称为指数时间算法. 本文中讨论的排序问题都是已被证明为

$NP\text{-}hard$ 的,除非 $P=NP$,否则不存在求这些问题最优解的多项式时间算法.

由于绝大多数排序问题是 NP 难题,其最优解很难找到,而且在实际应用中往往也没有必要去找到最优解,只需要找到满足一定要求的启发式解或近似解. 因此研究排序问题主要有两个方向. 一是对 P 问题,即可解(solvable)问题,寻找多项式时间算法(又称为有效算法)来得到问题的最优解,或者对 NP 难题在特殊情况下寻找有效算法也就是研究难题的可解情况;二是设计性能优良的启发式算法和近似算法. 衡量算法优劣有三种办法:数值算例计算、最坏情况分析和概率分析[17]. 这三种办法各有优点,也各有不足. 在理论分析(最坏情况分析和概率分析)之前进行大量数值计算是非常有用的方法,一则可以对理论分析给出估计和提供思路;再者可以与已有的算法进行实际比较. 最坏情况分析是分析算法在最坏情况下的形态. 概率分析是分析算法的"平均"形态,算法的概率分析可以参考专著[25]. 目前在理论上用得最多的是最坏情况分析.

对于使目标函数 f 为最小的优化问题,记 I 是这个优化问题的一个实例,P 是所有实例的全体;并记 $f(I)$ 是实例 I 的最优目标函数值,$f_H(I)$ 是算法 H 解实例 I 的目标函数值. 如果存在一个实数 $r(r\geqslant 1)$,对于任何 $I\in P$ 有 $f_H(I)\leqslant rf(I)$,那么称 r 是算法 H 的一个上界. 如果不能确定算法是否有界,或者能够确定算法的上界是无穷大时,这个算法称为启发式算法. 当 r 是有限数时,这个算法称为近似算法. 因此近似算法是有界的启发式算法. 对于使上式成立的最小正数 r 称为是算法的最坏情况性能比,简称为最坏比、最劣比,也称为是算法的紧界. 例如,在经典排序中 LS 算法[22]和 LPT 算法[23]对强 NP 困难的平行机排序问题 $P\mid\mid C_{\max}$ 的最坏性能比分别为 $2-\dfrac{1}{m}$,$\dfrac{4}{3}-\dfrac{1}{3m}$,其中 m 是机器的台数.

对于使目标函数 f 为最大的优化问题,同样可以定义算法的一个上界和紧界. 如果存在一个实数 $r(r \geqslant 1)$, 对于任何 $I \in P$ 有 $f(I) \leqslant r f_H(I)$, 那么称 r 是算法 H 的一个上界.

对在线(半在线)问题和在线(半在线)算法的研究, 在最坏情况比的基础上逐渐形成了竞争比分析(competitive analysis)法, 俗称对手法(adversary method)[19, 53], 它属于最坏情况分析. 对极小化排序问题, 称

$$c_A = \sup_I \left\{ \frac{C_A(I)}{C^*(I)} \right\}$$

为在线(半在线)算法 A 的竞争比(competitive ratio), 这里 $C_A(I)$ 和 $C^*(I)$ 分别表示算法 A 解实例 I 所得的目标函数值和相应问题离线情形的最优目标值, 在不引起混淆的情况下分别简记为 C_A 和 C^*. 同样地, 对极大化排序问题, 称

$$c_A = \sup_I \left\{ \frac{C^*(I)}{C_A(I)} \right\}$$

为在线(半在线)算法 A 的竞争比(competitive ratio). 若算法 A 的竞争比为 c, 也称 A 为 c-competitive 的. 称在线(半在线)问题(极小化目标或极大化目标)的竞争比下界(简称为下界, lower bound)为 c, 若不存在该问题竞争比小于 c 的在线(半在线)算法. 为了得到下界, 一般可以通过给出一系列实例使得任何在线(半在线)算法都不能够很好地求解所有实例来得到. 算法 A 称为是最优(optimal)的算法, 如果不存在竞争比小于 c_A 的确定性在线(半在线)算法. 近年来, 对排序问题的研究又出现了一类新的算法: 随机算法(randomized algorithm). 所谓随机算法是指在算法执行过程中可以作出随机选择的一类算法, 前面提到的算法均为确定性算法. 有关随机算法可以参考 Motwani 和 Raghaven 的专著[49]. 相对确定性算法而言, 随机算法在排序中的应用虽逐渐增多, 但还远未成熟. 本文所指的算法均为确定性算法.

5

§1.3 半在线排序问题

由在线和离线的定义可以看出,从排序者对工件信息的了解程
度来看,他们分属于两个极端情形.在实际问题中,出现这两种情况
的机会并不多.大量存在的问题是排序者一方面不可能知道工件的
所有信息;另一方面可能掌握着比经典的在线模型更多的信息或有
着更大的排序自由度,因而使问题变得比离线相对困难些,但比在线
相对容易些,即可能得到比在线算法更好的算法.我们把不完全满足
在线排序问题的两条基本假设,难度介于在线和离线之间的模型称为
半在线模型(文中所说的"在线"是经典意义上的或称为 online over list,
近年来人们赋予其新的含义,或称为 online over time[9, 54]).

在实际需要的大力推动和理论工作者的不懈努力下,自 1996 年
半在线概念(其实对其他的组合最优化问题,如装箱、网络优化也有
相应的概念[24, 46])提出后的近 8 年间,各种不同的模型不断涌现,初
步形成了排序研究的一个新的分支.何勇等[33, 34]把半在线模型分为
3 类.把不满足在线基本假设(1)的半在线模型,即排序者掌握后续
工件的部分信息,称为第一类半在线模型;把不满足在线基本假设
(2)的半在线模型,即已安排的工件的加工进程可通过某种方式加以
改变,称为第二类半在线模型;不能列入这两类的半在线模型统称为
第三类半在线模型.为描述排序问题方便起见,我们将表示各半在线
模型的记号写在三参数表示法的第二个域中.尽管半在线模型不完
全满足在线模型的两条假设,但它与在线之间只是程度上的差别,在
后续工件信息不完全已知这一点上是相同的,而与离线问题有着本
质的区别.我们仍用竞争比分析法来研究近似算法的性能和问题的
下界.若在给定的机器环境和目标函数下,求解半在线排序问题的算
法的竞争比严格小于相应在线问题的下界,则说明此时该半在线模
型是有价值的.反之,若半在线问题的下界等于相应在线问题的最优
算法的竞争比,则说明此时该半在线模型不会使问题变得更为简单,

因而没有价值. 当然,半在线排序问题研究的意义并不局限于其本身,某些半在线模型的研究可为在线和离线问题的研究提供新的思路和方法,使这些经典问题取得突破.

根据实际情况的不同,我们可以提出不同的符合要求的半在线模型. 尽管半在线排序出现的时间很短,然而已有十多个不同的模型出现. 下面我们对其中主要的几个模型作简要的介绍.

1. 已知工件总加工时间的半在线模型(Known sum)

假设所有工件的总加工时间已知. Kellerer, et al.[37] 在研究 $P2 \parallel C_{max}$ 时首先提出并研究的. 文[37]给出 H_3 算法并证明此算法是解 $P2 \mid sum \mid C_{max}$ 问题的最好算法,其竞争比为 $\frac{4}{3}$. 文[28]证明算法 H_3 也是解 $P2 \mid sum \mid C_{min}$ 问题的最好算法,其竞争比为 $\frac{3}{2}$. 对 $P2$, $r_i \mid sum \mid C_{max}$ 问题,文[61]给出算法 Psum 算法,并证明此算法最优,其竞争比为 $\frac{4}{3}$. 对 $Q2 \mid sum \mid C_{max}$ 问题,文[57,59]给出其竞争比为 $\sqrt{2}$ 的 sum 算法,同时证明了问题的下界为 $\frac{1+\sqrt{3}}{2}$. 对 $Pm \mid sum \mid C_{max}(m \geqslant 3)$,文[32]给出其竞争比为 $2 - \frac{1}{m-1}$ 的近似算法.

2. 已知工件最大加工时间的半在线模型(Known largest job)

假设所有工件中加工时间最长的工件的加工时间是已知的,文[35]首先讨论了这一模型并给出了求解 $P2 \mid known\ largest\ job \mid C_{max}$ 的最优算法 PLS,其竞争比为 $\frac{4}{3}$. 事实上,PLS 算法也是求解 $P2 \mid known\ largest\ job \mid C_{min}$ 问题的最优算法[28]. 而对 $P2, r_i \mid known\ largest\ job \mid C_{max}^J$ 问题,文[61]给出了竞争比为 $\frac{4}{3}$ 的最优算法 MPLS. 对 $Q2 \mid known\ largest\ job \mid C_{max}$ 问题,文[57]给出竞争比为 $\frac{3}{2}$ 的

MLS 算法,而该问题的下界为 $\sqrt{2}$.

3. 已知加工时间位于同一区间内的半在线模型(Interval)

假设所有工件的加工时间位于一有限区间 $[p, rp]$ 内,这里 $r \geqslant 1$, $p > 0$. 文[35] 首先讨论了这一模型,并证明 LS 算法是求解 $P2 \mid interval \mid C_{\max}$ 的最优算法,其竞争比为 $\frac{3}{2}(r>2)$ 和 $\frac{1+r}{2}(1 \leqslant r \leqslant 2)$. 文[27] 证明 LS 算法也是求解 $Pm \mid interval \mid C_{\min}$ 的最优算法,其竞争比为 $m(r > m)$ 和 $r(1 \leqslant r \leqslant m)$. 若 $1 \leqslant r \leqslant \frac{m}{m-1}$,文[27] 证明 LS 算法也是求解 $Pm \mid interval \mid C_{\max}$ 的最优算法,其竞争比为 $1 + \frac{(m-1)(r-1)}{m}$. 众所周知 LS 算法是求解 $P3 \parallel C_{\max}$ 的最优算法[18],然而 LS 算法是否是求解 $P3 \mid interval \mid C_{\max}$ 的最优算法尚未可知. 对此问题,文[32] 证明了如下结论:

$$\frac{C^{LS}}{C^{OPT}} \leqslant \begin{cases} \frac{2r+1}{3} & 1 \leqslant r \leqslant \frac{3}{2}, \\ 1 + \frac{2r}{9} & \frac{3}{2} < r \leqslant \frac{9}{5}, \\ \frac{1+r}{2} & \frac{9}{5} < r \leqslant 2, \\ \frac{5}{3} & r > 2. \end{cases}$$

4. 已知工件加工时间非增的半在线模型(Non-increasing job)

假设工件按加工时间的非增序到达,即有 $p_j \geqslant p_{j+1}$, $j=1, 2, \cdots, n-1$. 此时在研究 LS 算法的竞争比时可以利用 LPT 算法最坏情况分析的某些结果. 有如下结论:

1) $Pm \mid non\text{-}increasing\ job \mid C_{\max}$ 问题

(1) 文[23] 证明 LS 算法的竞争比为 $\frac{4}{3} - \frac{1}{3m}$. (2) 文[34] 证明当

$m = 2$ 时 LS 算法为最优算法,其竞争比为 $\frac{7}{6}$,当 $m = 3$ 时问题的下界至少为 $\frac{1 + \sqrt{37}}{6}$. 文[52]还给出了解 $P2 \mid non\text{-}increasing\ job \mid C_{\max}$ 问题的竞争比为 $\frac{8}{7}$ 的最好随机算法.

2) $Pm, r_j \mid non\text{-}increasing\ job \mid C_{\max}$ 问题

(1) 文[40, 41] 证明 LS 算法的竞争比为 $\frac{3}{2} - \frac{1}{2m}$. (2) 文[61] 证明当 $m = 2$ 时, LS 算法为最优算法, $m = 3$ 时问题的下界至少为 $\frac{1 + \sqrt{17}}{4}$.

3) $Pm \mid non\text{-}increasing\ job \mid C_{\min}$ 问题

(1) 文[10] 证明 LS 算法的竞争比为 $\frac{4m - 2}{3m - 1}$. (2) 文[31] 证明当 $m = 2, 3$ 时, LS 算法为最优算法,当 $m \geqslant 4$ 时问题的下界至少为 $\frac{5}{4}$.

4) $Qm \mid non\text{-}increasing\ job \mid C_{\min}$ 问题,文[3]给出竞争比为 m 的最优算法 $Bias\text{-}greedy$.

对该半在线模型的研究的一个突破是得到了一些问题的最佳随机算法[5,49,51](在线问题 $P2 \mid\mid C_{\max}$ 与 $P2 \mid\mid C_{\min}$ 的最佳随机算法已经得到[1,8]). 有些随机算法在算法的进行过程中只需作一次随机选择,因而几乎是不随机的[6]. 文[52]证明对 $Pm \mid non\text{-}increasing\ job, pmpt \mid C_{\max}$ 问题存在竞争比为 $\frac{1 + \sqrt{3}}{2}$ 的确定性算法,并且任何确定性或随机算法的竞争比都不会优于它.

5. **工件分两批到达的半在线模型(Two-batch)**

该模型由[66]首先提出. 假设工件分两批到达,同一批工件的全部信息在工件到达时全部给出,排序者可以根据整批工件的信息来优

化排序. 不妨假设, $J = J_1 \bigcup J_2$, $J_1 \bigcap J_2 = \varnothing$, 工件集 $J_1(J_2)$ 到达后, $J_1(J_2)$ 中所有工件的全部信息同时释放给排序者, 若 $| J_1 | = n_1$, $| J_2 | = n_2$, 则将其记作 $P(n_1, n_2)$. 显然有 $n_1 \geqslant 2$, $n_2 \geqslant 1$ 且 $n_1 + n_2 \geqslant m + 1$. 文[66] 证明对 $Pm \mid two\text{-}batch \mid C_{\max}$ 问题不存在竞争比小于 $\frac{3}{2}$ 的近似算法. 上述结论即使对 $P(n_1, 1)$ 和 $P(k, n_2)$, $2 \leqslant k \leqslant m$ 仍成立. 在同一篇文献中, 作者给出 $GLPTw$ 算法并证明此算法解 $Pm \mid two\text{-}batch \mid C_{\max}$ 的竞争比为 $2 - \frac{1}{m-1}$, 当 $m = 3$ 时算法是最佳的, 特别地对 $P(n_1, 1)$, 算法 $GLPTw$ 的竞争比 $\frac{3}{2}$ 且为最优算法.

6. 已知实例最优解的半在线模型(Known optimum)

假设实例的最优解值 C^{OPT} (当然不是最优解本身)可在零时刻(此时工件尚未到达)为排序者所知. 该模型有比较强的应用背景, 可应用于文件分配问题中[4]. 假设我们需将 m 台原始服务器(容量已知)上的全部文件逐个传送到另 m 台新服务器上, 由于算法不知 道文件在原始服务器上的存储方式, 新服务器可能需要更大的容量使得所有文件都能不被分割地放置在其上. 我们的目标是使得新服务器的容量尽可能地小. 由于我们要求上述过程对所有能在原始服务器上放置的文件均能做到, 原服务器的容量即为最优解值, 两种服务器容量之比即为算法的竞争比. 对于此模型有如下的结果:

对 $Pm \mid known\ optimum \mid C_{\max}$ 问题, 文[4]证明存在竞争比为 $\frac{13}{8}$ 的近似算法. 进一步对固定的 $m \geqslant 3$ 存在竞争比为 $\frac{5m-1}{3m+1}$ 的近似算法. 对 $m \geqslant 2$ 上述问题的下界至少为 $\frac{4}{3}$.

对 $Pm \mid known\ optimum \mid C_{\min}$ 问题, 文[3]给出近似算法 $Fill$, 并证明此算法的竞争比为 $2 - \frac{1}{m}$, 当 $m = 2, 3$ 时算法是最佳的. 对

$m \geqslant 4$，上述问题的下界至少为 $\dfrac{7}{4}$.

对 $Qm \mid known\ optimum \mid C_{\min}$ 问题，文[3]给出近似算法 *Slow-Fast*，并证明此算法的竞争比为 m，且对任意 m，算法均为最佳的.

对 $Qm \mid non\text{-}increasing\ job\ \&\ known\ optimum \mid C_{\min}$ 问题，文[3]给出 *Next-Cover* 算法，并证明此算法的竞争比至多为 2.

7. 带缓冲区的半在线模型（Buffer）

假设在机器系统之外还存在着一个长度为 k 的缓冲区（buffer）. 工件到达时可以立即安排在某台机器上加工，也可以将其暂时安置在缓冲区中. 当缓冲区中已存放的工件数为 k 时，新到达的工件若需暂时安置在缓冲区中，则缓冲区中某一工件必须取出并立即在某台机器上加工. 该模型由 Kellerer，Kotov，Speranza 和 Tuza[37]以及张国川[66]分别研究.

文[37]给出算法 H_1 并证明此算法是求解 $P2 \mid buffer \mid C_{\max}$ 问题的最优算法，其竞争比为 $\dfrac{4}{3}$.

一个有趣的事实是缓冲区的长度不影响算法的竞争比，只要有长度为 1 的缓冲区就够.

8. 已知工件加工时间序的半在线模型（Ordinal）

该模型可能是最早研究的半在线平行机排序问题[45]. 该模型的基本假设可归纳为以下两条：（1）已知每个工件加工时间的相对大小，但其确切值未知，即若 $\{p_{i_1}, p_{i_2}, \cdots, p_{i_n}\}$ 为对所有工件加工时间重排组成的有序集，满足 $p_{i_1} \geqslant p_{i_2} \geqslant \cdots \geqslant p_{i_n}$，对任意 $1 \leqslant j \leqslant n$，$p_j$ 在有序集中的位置均为已知，但 p_j 的精确数值未知；（2）在零时刻排序者需对所有工件作出安排，且不能随加工进程而改变.

由于 Ordinal 模型中，工件完工前其确切加工时间未知，它也是 non-claimvoyant 排序[47]的一种. 比之更为严格的是，ordinal 排序要求在零时刻安排好所有工件，因此不能使用经典的 *LPT*，*LS* 算法求解. Liu, Sidney 和 van Valiet[45] 给出了求解 $Pm \mid ordinal \mid C_{\max}$ 的算法 P_m，并证明此算法竞争比为 $1 + \dfrac{m-1}{m + \left\lfloor \dfrac{m}{2} \right\rfloor}$. 当 $m = 2,3$ 时算法是最佳的. 文[45] 还证明了当 $m = 4$ 时问题的下界为 $\dfrac{23}{16}$，并给出了竞争比为 $\dfrac{101}{70}$ 的算法 $P(4)$. 文[45] 的作者还给出了 $Pm \mid ordinal \mid C_{\max}$ 问题的下界，当 $m \geqslant 18$ 时下界至少为 $\dfrac{3}{2}$.

文[60] 研究了带机器准备时间的同型机 ordinal 半在线排序问题 $P,r_i \mid ordinal \mid C_{\max}$. 该文证明了对 $C_{\max}^J$，将所有工件安排在准备时间最短的机器上加工即为最优算法，其竞争比为 m. 该文还考虑了一种特殊情况：假设机器 $M_{m-l+1}, \cdots, M_m$ 有相同的准备时间. 该文证明了此问题的下界至少为 $\max\left\{2, \dfrac{m}{l}\right\}$，求解该问题的算法为 MP_m，它用求解 $Pm \mid ordinal \mid C_{\max}$ 的算法 Pm 规则，将所有工件分给机器 $M_{m-l+1}, \cdots, M_m$ 加工. 该算法的竞争比为

$$
\begin{cases}
\max\left\{\dfrac{m-l+4}{3}, \dfrac{4m+2l-2}{3l+1}\right\}, & \text{当 } l \text{ 为奇数时,} \\
\max\left\{\dfrac{m-l+4}{3}, \dfrac{4m+2l-4}{3l}\right\}, & \text{当 } l \text{ 为偶数时.}
\end{cases}
$$

对 $C_{\max}^M$ 问题，算法 Om 当 $m = 2,3,4$ 时是最佳的，竞争比分别为 $\dfrac{3}{2}, \dfrac{13}{8}, \dfrac{5}{3}$. 当 $m \geqslant 5$ 时，算法的竞争比为 $2 - \dfrac{1}{m-1}$ 而问题的下界至少为 $\dfrac{5}{3}$.

文[30] 研究了极大化机器最小负载目标函数下同型机 ordinal 半在线排序问题 $Pm \mid Ordinal \mid C_{\min}$，文章证明了问题的下界为

$\sum\limits_{i=1}^{m}\dfrac{1}{i}$，并给出了竞争比为 $\left|\sum\limits_{i=1}^{m}\dfrac{1}{i}\right|+1$ 的算法 MIN. 对 $m=3$，该文献给出了竞争比为 2 的最优算法. 对 $Q2\,|\,ordinal\,|\,C_{\max}$，文[58]给出了问题的参数下界和近似算法 $ordinal$，并证明了 $s\in\left[1,\dfrac{5+\sqrt{265}}{20}\right]\cup$

$\left[\dfrac{1+\sqrt{7}}{3},2\right]\cup\left[\dfrac{1+\sqrt{10}}{2},\dfrac{3+\sqrt{33}}{4}\right]\cup\left[1+\sqrt{3},\infty\right)$ 时算法是最佳的；算法的竞争比与问题下界不相等的 s 的区间总长度小于 0.778 4；当 $s=\dfrac{(35+\sqrt{8\,617})}{112}\doteq1.141\,3$ 时，两者之差达到最大值 0.052 0.

Ordinal 模型不仅出现在排序问题中，在组合优化的其他领域中如拟阵[39]，装箱[43]和装填[44]问题等也大量存在. Ordinal 算法的一个重要特点在于它得到的解在保序变换下有某种不变性[48]. Ordinal 模型独特性的另一个体现是关于 $makespan$ 的两种不同目标下问题的下界和算法的竞争比都有显著区别.

9. 半在线模型的复合

称 $s_1\&s_2$ 为半在线模型 s_1 和 s_2 的复合，若该模型同时满足半在线假设 s_1 和 s_2，这里 s_1,s_2 是任两个半在线模型.

文[34]选择六个第一类半在线模型：$Known\ number$，$Known\ sum$，$Known\ largest\ job$，$Known\ smallest\ job$，$Non\text{-}increasing\ job$ 和 $Non\text{-}decreasing\ job$，将它们两两复合，研究 $P2\,|\,s1\&s2\,|\,C_{\max}$ 的下界和近似算法. 主要结果如表 1.1 所示.

表 1.1

s_2 \ s_1		Known number	Known sum	Known largest job	Known smallest job	Non-increasing job	Non-decreasing job
Known number	下　界	3/2	4/3	4/3	3/2	7/6	*
	最优算法	LS	H_3	PLS	LS	LS	

续　表

s_2 ＼ s_1		Known number	Known sum	Known largest job	Known smallest job	Non-increasing job	Non-decreasing job
Known sum	下　界		4/3	6/5*	4/3	10/9*	4/3
	最优算法		H_3		H_3		H_3
Known largest job	下　界			4/3	4/3	7/6	4/3
	最优算法			PLS	PLS	LS	PLS
Known smallest job	下　界				3/2	7/6	3/2
	最优算法				LS	LS	LS
Non-increasing job	下　界					7/6	1
	最优算法					LS	LS
Non-decreasing job	下　界						3/2
	最优算法						LS

除 * 格外,对其余 12 种复合半在线模型,文[34]得到了最优算法,其中 $P2 \mid non\text{-}increasing\ job\ \&\ non\text{-}decreasing\ job \mid C_{\max}$ 是平凡的.

对 $P2 \mid known\ sum\ \&\ non\text{-}increasing\ job \mid C_{\max}$ 问题,文[34]证明下界至少为 $\frac{11}{10}$. 同时给出算法 $sum - \frac{8}{7}$ 并证明此算法求解 $P2 \mid known\ sum\ \&\ non\text{-}increasing\ job \mid C_{\max}$ 的竞争比为 $\frac{8}{7}$. 文[62]证明此问题的下界至少为 $\frac{10}{9}$,并且给出了达此下界的最优算法 SD.

对 $P2 \mid known\ sum\ \&\ Known\ largest\ job \mid C_{\max}$ 问题,文[62]证明

下界至少为 $\dfrac{6}{5}$，并且给出了达此下界的最优算法 SM.

对 $P2 \mid known\ number \& non\text{-}decreasing\ job \mid C_{max}$ 问题，文 [34] 给出算法 A_1 并证明此算法的竞争比至少为 $\sqrt{2}$.

从上表可知道，Known smallest job 模型与其他 5 个半在线模型的复合不会使问题变得简单. 这大概是因为最小工件在问题中所占的权重太小之故，这也说明了为什么到目前为止 Known smallest job 模型结果比较少.

其他的半在线模型还有两个并行处理子系统、最后的工件最大以及最后的工件可以确认等模型. 可以预见，随着研究的不断深入，将有更多的半在线模型出现.

§1.4　论文概述

本文主要考虑平行机半在线排序问题. 在本文中，我们用 $I = (J, M)$ 表示排序问题的一个实例，其中 M 表示机器集 $\{M_1, M_2, \cdots, M_m\}$，$J$ 表示工件集 $\{p_1, p_2, \cdots, p_n\}$. 工件 p_i 的加工时间用 p_i 表示，工件加工不可中断. 用 T 表示所有工件的总的加工时间，即 $T = \sum\limits_{j=1}^{n} p_j$；用 p_{max} 表示加工时间最长的工件，即 $p_{max} = \max\{p_i\}$. 本文的主要结果如下：

在第二章中，我们将讨论已知工件最大加工时间的半在线模型，目标为极大化最小机器负载. 主要讨论两个问题：1　三台同类机的情形，我们给出 min3 算法并且证明此算法的竞争比为 $\max\left\{r+1, \dfrac{3s+r+1}{1+r+s}\right\}$. min3 算法是紧的且当 $1 \leqslant s \leqslant 2$、$r = 1$ 时是最优的. 2　m 台特殊同类机问题，我们给出 C_{min} 算法及其竞争比为 $\max\left\{m-1, \dfrac{ms+m-1}{m-1+s}\right\}$ 并证明 C_{min} 算法是紧的，且当 $1 \leqslant s \leqslant$

$(m-1)(m-2)(m \geqslant 3)$ 时是最优的.

在第三章中,我们将讨论已知工件最大加工时间的半在线问题,目标为极小化机器最大负载. 第三章是这样安排的:在第二节考虑两台同类机的问题,我们给出竞争比分别为 $\frac{2(s+1)}{s+2}$ $(1 \leqslant s \leqslant 2)$ 和 $\frac{s+1}{s}(s>2)$ 的 Qmax2 算法,并且证明此算法是紧的且对应某些 s 的特殊值是最优的;同时给出问题的参数竞争比下界. 在第三节考虑三台同类机半在线问题,我们证明任何算法解此问题的全局竞争比 (overall competitive ratio) 的下界为 $\frac{3}{2}$,给出 Qmax3 算法并证明此算法的竞争比不大于 $\frac{2(r+s+1)}{2r+s}$ $(1<s \leqslant 2)$ 和 $\frac{r+2s+1}{r+s}(s>2)$ 且严格小于 2. 在第四节中我们考虑三台特殊同类机问题,给出 Qmax3t 算法并证明其竞争比不大于 $\frac{s+2}{2}(1 \leqslant s \leqslant 2)$ 和 $\frac{s+2}{s}(s>2)$ 且恒小于 2,同时给出该问题竞争比的一个下界. 第五节则考虑 m 台同型机问题,给出一个竞争比为 $\frac{2m-3}{m-1}$ 的 $C_{\max}$ 算法并证明此算法对任何 $m \geqslant 3$ 是紧的. 我们进一步给出了此问题的一个下界 $\frac{4}{3}$ 并且证明 LS 算法解 $Pm \mid known\ largest\ job \mid C_{\max}$ 问题的竞争比仍然是 $2-\frac{1}{m}$,比 LS 算法解 $Pm \mid \mid C_{\max}$ 问题的竞争比并没有减少.

在第四章中,我们将讨论考虑已知总加工时间的两台同类机半在线问题,目标函数为极大化最小机器负载. 我们给出 Q2min 算法并证明此算法的竞争比小于 $\frac{2+\sqrt{2}}{2}$. 同时证明当 $s=\frac{1+\sqrt{5}}{2}$ 时 Q2min 算法最优的.

在第五章中,我们将考虑带机器准备时间的已知工件总加工时间的半在线问题. 第一节考虑 $P2, r_i \mid sum \mid C_{\min}$ 问题，给出 $Prsum$ 算法并证明此算法的竞争比为 $\dfrac{3}{2}$ 且是最优算法. 在第二节则考虑 $Q2$, $r_i \mid sum \mid C_{\max}$ 问题，给出 $Qr\max$ 算法并证明此算法的竞争比为 $\sqrt{2}$；同时给出此问题的一个下界.

在第六章我们首先引进一个新的半在线术语：半在线模型的松弛，然后我们介绍一个新的半在线模型：已知工件最大加工时间在某一区域内，即 $Known\ largest\ job\ interval$ 模型. 显然此模型是已知工件最大加工时间这一半在线模型松弛得来的. 第六章分两节：第一节考虑 $P2 \mid known\ largest\ job\ interval \mid C_{\max}$ 问题，我们把此问题分为两个区间来讨论：当 $r > 2$ 时，我们证明任何算法解此问题的竞争比为 $\dfrac{3}{2}$，当 $1 \leqslant r \leqslant 2$ 时，我们首先证明 LS 算法解此问题的竞争比仍为 $\dfrac{3}{2}$，然后给出 $interval$ 算法及其竞争比 $\dfrac{2(1+r)}{2+r}$. 最后我们给出解 $P2 \mid known\ largest\ job\ interval \mid C_{\max}$ 问题的 $Pinterval$ 算法及其竞争比，并证明此竞争比是紧的且与最优竞争比的误差不超过 $\dfrac{4}{33}$. 第二节考虑 $P2 \mid known\ largest\ job\ interval \mid C_{\min}$ 问题，在这一节中我们分三个区间给出问题竞争比的下界：在区间 $1 \leqslant r \leqslant \dfrac{3}{2}$, $\dfrac{3}{2} < r \leqslant 2$, $r > 2$ 上任何算法解此问题的竞争比的下界分别为 $\dfrac{3}{2}$, r, 2. 当 $1 \leqslant r \leqslant 2$ 时，我们证明 LS 算法解此问题的竞争比仍为 2，然后给出 $interval$ 算法解 $P2 \mid known\ largest\ job\ interval \mid C_{\min}$ 问题的竞争比 $1 + \dfrac{r}{2}$. 最后我们给出 $Pinterval$ 算法解 $P2 \mid known\ largest\ job\ interval \mid C_{\min}$ 问题的竞争比，并证明此竞争比是紧的且与最优算法竞争比的误差不超过 $\dfrac{1}{4}$.

第二章　已知工件最大加工时间的极大化目标问题

§2.1　引言

本章讨论已知工件最大加工时间的半在线模型,目标为极大化最小机器负载. 该模型假设如下:设有 n 个彼此独立的工件 $J=\{p_1, p_2, \cdots, p_n\}$ 需在 m 台机器 $M=\{M_1, M_2, \cdots, M_m\}$ 上加工. 机器 $M_i(i=1,2,\cdots,m)$ 的加工速度为 $s_i \geqslant 1$. 工件 p_i 的加工时间设为 p_i,因此工件 p_i 在机器 M_j 上的加工时间为 p_i/s_j,这里 $i=1,2,\cdots,n$, $j=1,2,\cdots,m$. 工件在加工时不允许中断,机器不允许空转. 工件一旦被安排好后不允许以任何方式加以改变. 工件是一个一个独立地到来,仅在当前工件排定后才知下一个工件的全部信息. 在第一个工件到来之前我们仅知道最大工件的加工时间而对于其他的工件信息一无所知. 这个半在线模型是由何勇和张国川[35] 在考虑 $P2 \| C_{\max}$ 问题时引进的. 使用 Graham et al. [20] 的三参数表示法我们把所要考虑的问题表示为 $Qm \mid known\ largest\ job \mid C_{\min}$.

众所周知,被人们广泛研究的离线 $P \| C_{\min}$ 问题是强 NP-complete 问题. 对于在线 $P \| C_{\min}$ 问题,Woeginger[63] 证明 LS 的竞争比为 m. 易知没有竞争比小于 m 的在线算法,因而 LS 算法是解在线 $P \| C_{\min}$ 问题的最好在线算法. Deuermeyer, Friesen 和 Langston[15] 证明经典的 LPT 算法的竞争比至多为 $\frac{4}{3}$. Csirik, Kellerer 和 Woeginger[10] 证明 LPT 的竞争比为 $\frac{4m-2}{3m-1}$ 且是紧的. Azar 和 Epstein[3] 证明任何随机

算法的竞争比不小于 $\dfrac{\sqrt{m}}{4} = O(\sqrt{m})$ 并且给出了一个竞争比为

$O(\sqrt{m}\log m)$ 的 Partition 算法. 对两台平行机情形,何勇和张国川[31]

给出了 Random 算法其竞争比为 $\dfrac{3}{2}$ 且是最优的. 对于一般的 m 台平

行机情形,他们还得到一个新的随机下界 $\dfrac{\left(\dfrac{m}{m-1}\right)^m - 1}{\dfrac{m}{m-1}}$,当 $m < 41$

时此界比已知的下界 $\dfrac{\sqrt{m}}{4}$ 有显著的提高.

对于 $P \parallel C_{\min}$ 的半在线问题,如果工件的加工时间序是已知的,
何勇和谈之奕[30]给出一个竞争比至多为$\left(\left|\sum_{i=1}^{m} 1/i\right| + 1\right)$的 min 算
法,而此问题的下界为$\sum_{i=1}^{m} 1/i$. 这里 m 指机器的台数. 当 $m = 3$ 时,
他们给出一个竞争比为 2 的最优算法 min(3). 何勇[28] 考虑了
$P2 \parallel C_{\min}$ 问题的四个半在线模型. 它们分别是已知工件的总加工时
间、已知最大工件的加工时间、已知工件的加工时间序以及已知工件
的加工时间在$[p, rp]$内这四个模型. 这里 $r \geqslant 1$,$p > 0$. 何勇[27] 进
一步证明对上述的最后两个半在线模型 LS 算法对于任意的$m \geqslant 2$ 以
及 $r \geqslant 1$ 是最优的. 如果工件的加工时间是非增的,则当机器数为 2
或者 3 时何勇和谈之奕[31]证明 LS 算法是最优的. 当机器数为 2 时,他
们还进一步给出了随机算法 RLS. 如果最优序是已知的,Azar 和
Epstein[3] 给出了竞争比为$\dfrac{2m-1}{m}$的 Fill 算法,此算法当 $m = 2, 3, 4$
时是最优的. 当 $m = 2$ 时,Epstein[16] 考虑了所有工件的加工时间都
不大于 $OPT/k(k$ 为整数) 的半在线模型并证明 Greedy 算法是最优
的,其竞争比为 $2k/(2k-1)$. 若 OPT 预先已知,她证明 $kfill$ 算法的
竞争比为$(2k+1)/2k$ 且是最优.

对于在线（或者半在线）的 $Q||C_{\min}$ 问题，当机器数是 m 的时候 Azar 和 Epstein[3] 给出了几个算法和下界. 这些算法的竞争比是 m 的函数但不是速度的函数. 但是如果最优值已知或者工件是按照加工时间非增序到来，则紧的竞争比为 m. 对于两者的复合他们给出了一个竞争比为 2 的算法. 对于两台速度比为 q 的同类机问题 Epstein[16] 证明精确的竞争比为 $1+q$，这个竞争比随着 q 的增大而增大.

本章主要讨论两个问题：1 三台同类机的情形. 即不妨假设三台同类机 M_1，M_2，M_3 的速度分别为 $s_i(s_1=1，s_2=r，s_3=s，1\leqslant r\leqslant s)$. 我们给出 min3 算法并且证明此算法的竞争比为 $\max\left\{r+1，\dfrac{3s+r+1}{1+r+s}\right\}$. min3 算法是紧的，且当 $1\leqslant s\leqslant 2$、$r=1$ 时是最优的. 2 m 台特殊同类机问题. 即假设机器 $M_i(i=1，2，\cdots，m-1)$ 的速度为 $s_i=1$，机器 M_m 的速度为 $s_m\geqslant 1$. 我们给出 $C_{\min}$ 算法及其竞争比并证明 $C_{\min}$ 算法是紧的，且当 $1\leqslant s\leqslant (m-1)(m-2)(m\geqslant 3)$ 时是最优的.

§2.2 三台同类机问题

本节考虑三台同类机的情形. 不妨假设三台同类机 M_1，M_2，M_3 的速度分别为 $s_i(s_1=1，s_2=r，s_3=s，1\leqslant r\leqslant s)$. 我们用 $Q3\,|\,known\ largest\ job\,|\,C_{\min}$ 来表示此问题. 这一节给出 min3 算法并且证明此算法的竞争比为 $\max\left\{r+1，\dfrac{3s+r+1}{1+r+s}\right\}$，同时证明 min3 算法是紧的，且当 $1\leqslant s\leqslant 2$、$r=1$ 时是最优的.

在给出算法之前先定义几个符号，用 $L(M_i)$ 表示加工过程中机器 M_i 的负载，即当前已分给机器 M_i 加工的工件的总加工时间，在不致引起混淆的情况下我们仍用 M_i 表示. 用 $p_{\max}$ 表示最大的加工时间，某个工件的加工时间是 $p_{\max}$，则称此工件是一个最大的工件. 用 x 表示当前需要安排的工件及其在机器 M_1 上所需的加工时间. 下面给出 min3 算法.

min3 算法

步 1：若 $x \neq p_{\max}$，如果 $\exists i \in \{1,2\}$ 使得 $M_i < \dfrac{p_{\max}}{s}$，那么把当前工件 x 安排在机器 M_1、M_2 中负载最小的机器上加工，否则转步 3.

步 2：若 $x = p_{\max}$.

步 2.1：如果 $M_3 + \dfrac{x}{s} < \dfrac{2p_{\max}}{s}$，那么把当前工件 x 安排在机器 M_3 上加工，否则转步 2.2.

步 2.2：如果 $\exists i \in \{1,2\}$ 使得 $M_i < \dfrac{p_{\max}}{s}$，则把当前工件 x 安排在机器 M_1、M_2 中负载最小的机器上加工，否则转步 3.

步 3：如果 $M_3 + \dfrac{x}{s} \leqslant \min\left\{M_1 + x, M_1 + \dfrac{p_{\max}}{s}, M_2 + \dfrac{p_{\max}}{r}, M_2 + \dfrac{p_{\max}}{s}\right\}$，则把当前工件 x 安排在机器 M_3 上加工. 否则，若 $M_2 + \dfrac{x}{r} \leqslant \min\left\{M_1 + x, M_1 + \dfrac{p_{\max}}{r}\right\}$，则把当前工件 x 安排在机器 M_2 上加工；若 $M_2 + \dfrac{x}{r} > \min\left\{M_1 + x, M_1 + \dfrac{p_{\max}}{r}\right\}$，则把工件 x 安排在机器 M_1 上加工.

重复执行以上各步直到不再有新工件到来为止.

在给出本节主要定理之前先介绍两个引理. 由 min3 算法易知引理 1 成立.

引理 1 不论加工进行到哪一阶段都有

1）$M_1 - M_2 \leqslant p_{\max}$，$M_2 - M_1 \leqslant \dfrac{p_{\max}}{r}$.

2）$M_3 - M_i \leqslant \dfrac{p_{\max}}{s}(i = 1, 2)$.

引理 2 如果 $M_3 \geqslant \dfrac{p_{\max}}{s}$，那么 $M_1 - M_3 \leqslant p_{\max}$，$M_2 - M_3 \leqslant \dfrac{p_{\max}}{r}$.

证明 不失一般性，假设加工进行到某一阶段时 $M_3 \geqslant \dfrac{p_{\max}}{s}$，但是 $M_1 - M_3 > p_{\max}$. 设 x 是已安排在机器 M_1 上的最后一个工件，M_1^x 是工件 x 安排前机器 M_1 的负载. 由 $x \leqslant p_{\max}$，可得 $M_1^x > M_3$. 由 $C_{\min}$ 算法知工件 x 不会安排在机器 M_1 上，矛盾. 同理可证 $M_2 - M_3 \leqslant \dfrac{p_{\max}}{r}$，证毕.

下面我们先给出 $Q3 \mid known\ largest\ job \mid C_{\min}$ 问题竞争比的一个下界，然后我们证明 min3 算法解此问题的竞争比为 $\max\left\{r+1, \dfrac{3s+r+1}{1+r+s}\right\}$.

定理 1 任何算法解 $Q3 \mid known\ largest\ job \mid C_{\min}(s_1 = 1, s_2 = r, 1 \leqslant s_3 = s, 1 \leqslant r \leqslant s)$ 问题的竞争比至少为 $\max\{2, r\}$.

证明 根据 r 的不同值我们考虑以下两种情形：

情形 1 若 $r \geqslant 2$.

假设最大工件的加工时间为 s，第一个工件 p_1 的加工时间为 $rx(r^2x \leqslant p_{\max}, rx \leqslant 1)$. 如果某个算法 A 把工件 p_1 安排在机器 M_1 上加工，则工件 $p_2 = x$，$p_3 = s$ 到来且不再有新的工件来到. 显然 $C^*(J) = x$，$C_{\min} \leqslant \dfrac{x}{r}$. 由此可得 $\dfrac{C^*(J)}{C_A(J)} \geqslant r$. 如果算法 A 把工件 p_1 安排在机器 M_2 或 M_3 上加工，则工件 $p_2 - r^2x$，$p_3 = s$ 到来且不再有新的工件来到. 易知 $C^*(J) = rx$，$C_{\min} \leqslant x$. 因此 $\dfrac{C^*(J)}{C_A(J)} \geqslant r$.

情形 2 若 $1 \leqslant r < 2$.

假设最大工件的加工时间为 s，最初三个工件的加工时间分别为 $p_1 = \dfrac{1}{2}$，$p_2 = \dfrac{1}{2}$，$p_3 = s$. 为了能够得到有限的竞争比任何算法都应该把它们分别安排在不同的机器上加工. 进一步假设 $p_4 = r$ 且不再有新工件到来. 显然 $C^*(J) = 1$ 且 $C_A(J) \leqslant \dfrac{1}{2}$. 因此 $\dfrac{C^*(J)}{C_A(J)} \geqslant 2$.

定理 2 min3 算法解 $Q3 \mid known\ largest\ job \mid C_{\min}(s_1 = 1, s_2 = r, 1 \leqslant s_3 = s, 1 \leqslant r \leqslant s)$ 问题的竞争比为 $\max\left\{r+1, \dfrac{3s+r+1}{1+r+s}\right\}$.

证明 其实我们只需要证明对于任何实例 J, 不等式 $\dfrac{C^*(J)}{C_{\min3}(J)} \leqslant \max\left\{r+1, \dfrac{3s+r+1}{1+r+s}\right\}$ 成立即可. 假设 p_n 是实例 J 的最后一个工件, min3 算法在安排工件 p_n 前各机器的负载分别为 M_1, M_2, M_3. 考虑下面三种情形:

情形 1 $M_3 < \dfrac{p_{\max}}{s}$.

此时易知 $p_n = p_{\max}$, $M_1 < p_{\max} + \dfrac{p_{\max}}{s}$, $M_2 < \dfrac{p_{\max}}{r} + \dfrac{p_{\max}}{s}$ 且工件 p_n 应该安排在机器 M_3 上加工. 考虑以下三种子情形.

Subcase 1 $M_3 + \dfrac{p_n}{s} \leqslant M_1$, $M_3 + \dfrac{p_n}{s} \leqslant M_2$.

显然

$$\frac{C^*(J)}{C_{\min3}(J)} \leqslant \frac{M_1 + rM_2 + sM_3 + p_n}{(1+r+s)\left(M_3 + \dfrac{p_n}{s}\right)}$$

$$< \frac{s}{1+r+s} + \frac{2p_{\max} + \dfrac{p_{\max}}{s} + \dfrac{rp_{\max}}{s}}{(1+r+s)\dfrac{p_{\max}}{s}}$$

$$= \frac{3s+r+1}{1+r+s}.$$

Subcase 2　$M_2 < M_3 + \frac{p_n}{s}, M_2 \leqslant M_1$.

若 $M_2 \geqslant \frac{p_{\max}}{s}$，则

$$\frac{C^*(J)}{C_{\min3}(J)} \leqslant \frac{r}{1+r+s} + \frac{M_1 + sM_3 + p_n}{(1+r+s)M_2} < \frac{3s+r+1}{1+r+s}.$$

若 $M_2 < \frac{p_{\max}}{s}$. 假设工件 x 是已安排在机器 M_1 上的最后一个工件且 $M_1^x = M_1 - x$. 显然 $M_1^x \leqslant M_2$，$M_3 = 0$. 如果 $x \geqslant (1+r)M_2$，那么 $C^*(J) \leqslant (1+r)M_2$. 因此可得 $\frac{C^*(J)}{C_{\min3}(J)} \leqslant \frac{(1+r)M_2}{M_2} = 1+r$.

如果 $x < (1+r)M_2$，那么 $C^*(J) < \frac{2(1+r)M_2}{1+r} = 2M_2$. 由此可得

$$\frac{C^*(J)}{C_{\min3}(J)} < \frac{2M_2}{M_2} = 2.$$

Subcase 3　$M_1 < M_3 + \frac{p_n}{s}, M_1 < M_2$.

如果 $M_1 \geqslant \frac{p_{\max}}{s}$，则

$$\frac{C^*(J)}{C_{\min3}(J)} < \frac{1}{1+r+s} + \frac{3p_{\max} + \frac{rp_{\max}}{s}}{(1+r+s)\frac{p_{\max}}{s}} = \frac{3s+r+1}{1+r+s}.$$

如果 $M_1 < \frac{p_{\max}}{s}$，和 Subcase 2 中的 $M_2 < \frac{p_{\max}}{s}$ 情况类似，可证得

$$\frac{C^*(J)}{C_{\min3}(J)} \leqslant r+1.$$

情形 2　$M_3 = \frac{p_{\max}}{s}$. 考虑以下两种子情形：

Subcase 1　如果机器 M_3 上只有一个工件,那它一定是 p_{max}.

1) 如果工件 p_n 没有被安排在机器 M_3 上加工,此时对应于情形 1 中的 $M_3 = 0$ 情况.

2) 如果工件 p_n 被安排在机器 M_3 上加工,它一定是执行算法步 3 的结果. 因此有 $\dfrac{p_{max}}{s} \leqslant M_1 \leqslant p_{max} + \dfrac{p_{max}}{s}, \dfrac{p_{max}}{s} \leqslant M_2 \leqslant \dfrac{p_{max}}{s} + \dfrac{p_{max}}{r}$.

a) 如果 $M_3 + \dfrac{p_n}{s} \leqslant M_2 , M_3 + \dfrac{p_n}{s} \leqslant M_1$, 可得

$$\frac{C^*(J)}{C_{min3}(J)} < \frac{s}{1+r+s} + \frac{p_{max} + \dfrac{p_{max}}{s} + r\left(\dfrac{p_{max}}{s} + \dfrac{p_{max}}{r}\right)}{(1+r+s)\dfrac{p_{max}}{s}}$$

$$= \frac{3s+r+1}{1+r+s}.$$

b) 如果 $M_2 < M_3 + \dfrac{p_n}{s} , M_2 \leqslant M_1$, 可得

$$\frac{C^*(J)}{C_{min3}(J)} \leqslant \frac{r}{1+r+s} + \frac{3p_{max} + \dfrac{p_{max}}{s}}{(1+r+s)\dfrac{p_{max}}{s}} = \frac{3s+r+1}{1+r+s}.$$

c) 如果 $M_1 < M_3 + \dfrac{p_n}{s} , M_1 < M_2$, 可得

$$\frac{C^*(J)}{C_{min3}(J)} \leqslant \frac{1}{1+r+s} + \frac{3p_{max} + \dfrac{rp_{max}}{s}}{(1+r+s)\dfrac{p_{max}}{s}} = \frac{3s+r+1}{1+r+s}.$$

Subcase 2　如果机器 M_3 上至少有两个工件,显然 $\dfrac{p_{max}}{s} \leqslant M_1 \leqslant$

$p_{\max} + \dfrac{p_{\max}}{s}, \dfrac{p_{\max}}{s} \leqslant M_2 \leqslant \dfrac{p_{\max}}{s} + \dfrac{p_{\max}}{r}$ 且工件 p_n 应该安排在机器 M_3 上加工. 类似于 Subcase 1 中的情形 2) 可证结果成立.

情形 3 $M_3 > \dfrac{p_{\max}}{s}$.

此时易知 $M_1 \geqslant \dfrac{p_{\max}}{s}, M_2 \geqslant \dfrac{p_{\max}}{s}$. 考虑以下两种子情形.

Subcase 1 工件 p_n 安排在机器 M_1 上加工. 注意到当前机器 M_1 上的负载为 $M_1 + p_n$, 由引理 2 可得 $M_1 + p_n \leqslant M_3 + p_{\max}$, $M_2 \leqslant M_3 + \dfrac{p_{\max}}{r}$.

1) $M_1 + p_n \leqslant M_2$, $M_1 + p_n \leqslant M_3$. 由引理 1 知 $M_2 \leqslant M_1 + \dfrac{p_{\max}}{r}$, $M_3 \leqslant M_1 + \dfrac{p_{\max}}{s}$, 因此有

$$\frac{C^*(J)}{C_{\min 3}(J)} \leqslant \frac{1}{1+r+s} + \frac{(s+r)M_1 + 2p_{\max}}{(1+r+s)(M_1+p_n)}$$

$$< 1 + \frac{2p_{\max}}{(1+r+s)\dfrac{p_{\max}}{s}}$$

$$= \frac{3s+r+1}{1+r+s}.$$

2) $M_2 < M_1 + p_n$, $M_2 \leqslant M_3$. 由引理 1 知 $M_3 \leqslant M_2 + \dfrac{p_{\max}}{s}$, 因此有

$$\frac{C^*(J)}{C_{\min 3}(J)} \leqslant \frac{M_1 + rM_2 + sM_3 + p_n}{(1+r+s)M_2}$$

$$\leqslant 1 + \frac{2p_{\max}}{(1+r+s)\dfrac{p_{\max}}{s}} = \frac{3s+r+1}{1+r+s}.$$

3) $M_3 < M_1 + p_n$, $M_3 < M_2$, 则

$$\frac{C^*(J)}{C_{Min3}(J)} \leqslant \frac{M_1 + rM_2 + sM_3 + p_n}{(1+r+s)M_3} \leqslant \frac{(s+r+1)M_3 + 2p_{\max}}{(1+r+s)M_3}$$

$$< \frac{3s+r+1}{1+r+s}.$$

Subcase 2 如果工件 p_n 是安排在机器 M_2 或者 M_3 上，同理可证结论成立.

由定理 1、定理 2 易知下面的推论成立.

推论 算法 min3 解 $Q3 \mid known\ largest\ job \mid C_{\min}(s_1 = s_2 = 1,$ $1 \leqslant s_3 = s)$ 问题的竞争比为 $\max\left\{2, \dfrac{3s+2}{2+s}\right\}$ 且当 $1 \leqslant s \leqslant 2$ 此算法是最优的.

定理 3 min3 算法是紧的.

证明 考虑下面两种情形:

情形 1 若 $r+1 \geqslant \dfrac{3s+r+1}{1+r+s}$.

假设有四个工件 $p_1 = x$, $p_2 = rx$, $p_3 = s$, $p_4 = r(1+r)x$, 其中 p_3 是最大的工件且 $x \leqslant \dfrac{s}{r(1+r)}$, $(1+r)x \leqslant 1$. 据 min3 算法工件 p_1 和 p_4 应分别安排在机器 M_1 上加工，工件 p_2, p_3 应分别安排在机器 M_2, M_3 上加工. 显然 $C^*(J) = (1+r)x$, $C_{\min3}(J) = x$. 因此 $\dfrac{C^*(J)}{C_{\min3}(J)} = r+1$.

情形 2 若 $r+1 < \dfrac{3s+r+1}{1+r+s}$.

此时易知 $s > \dfrac{r(r+1)}{2-r}$，考虑下面的实例. 假设有 7 个工件：$p_1 = 1$，$p_2 = r - \varepsilon$，$p_3 = p_4 = s$，$p_5 = s - \dfrac{2(1+r)s}{s+r+1}$，$p_6 = 2 - \dfrac{2(1+r)}{s+r+1}$，$p_7 = \left[2 - \dfrac{2(1+r)}{s+r+1} \right] r$，其中 $p_{\max} = s$ 且 ε 是一个任意小的正数. 显然 $C^*(J) = \dfrac{(3s+r+1) - \dfrac{\varepsilon}{r}(s+r+1)}{s+r+1}$. 由 min3 算法易知 $p_1 \to M_1$，$p_2 \to M_2$，$p_3 \to M_3$，这里 $p_i \to M_i$ 表示工件 p_i 被安排在机器 M_i 加工. 因为工件 p_2 安排好后机器 M_2 的当前负载是 $1 - \dfrac{\varepsilon}{r} < \dfrac{p_{\max}}{s} = 1$，由 min3 算法步 2.2 知 $p_4 = s \to M_2$. 据 min3 算法步 3，显然 所有的剩余工件都应该安排在机器 M_3 加工，因此 $C_{\min 3} = 1$. 注意到 ε 是一个任意小的正数，所以 $R_{\min 3} = \dfrac{3s+r+1}{1+r+s}$.

由定理 2 及定理 3 知 min3 算法是紧的且当 $1 \leqslant s \leqslant 2$ 时是最优的. 另外，由定理 2 还知，当 $r \geqslant 2$ 时 min3 算法的竞争比只与 r 有关而与 s 无关，且易知 min3 算法的竞争比与最优竞争比之差不大于 1. 但是当 $s > 2$ 时我们不知道 min3 算法是否是最优，因此寻找当 $s > 2$ 时的最优算法是一件有意义的工作. 同时也可以考虑 $m \geqslant 4$ 的情形.

§2.3 m 台特殊同类机问题

本节假设机器 $M_i (i = 1, 2, \cdots, m-1)$ 的速度为 $s_i = 1$，机器 M_m 的速度为 $s_m \geqslant 1 (m \geqslant 2)$. 本节给出 $C_{\min}$ 算法并证明此算法的竞争比为 $\max \left\{ m-1, \dfrac{ms+m-1}{m-1+s} \right\}$. $C_{\min}$ 算法是紧的，且当 $1 \leqslant s \leqslant (m-1)(m-2)(m \geqslant 3)$ 时是最优的.

用 p_n 表示当前需要安排的工件及其在机器 M_1 上所需的加工时

间. 应用上一节的符号,下面给出 $C_{\min}$ 算法.

$C_{\min}$ 算法:

步 1:若 $p_n \neq p_{\max}$,如果 $\exists i \neq m$ 使得 $M_i < \dfrac{p_{\max}}{s}$,则在前 $m-1$ 台机器上根据 LS 算法安排当前工件 p_n,否则转步 3.

步 2:若 $p_n = p_{\max}$.

步 2.1:如果 $M_m + \dfrac{p_n}{s} < \dfrac{2p_{\max}}{s}$,则把当前工件 p_n 安排在机器 M_m 上,否则转步 2.2.

步 2.2:如果 $\exists i \neq m$ 使得 $M_i < \dfrac{p_{\max}}{s}$,则在前 $m-1$ 台机器上根据 LS 算法安排当前工件 p_n,否则转步 3.

步 3:如果 $M_m + \dfrac{p_n}{s} \leqslant \min\left\{M_{\min} + p_n, M_{\min} + \dfrac{p_{\max}}{s}\right\}$,这里 $M_{\min} = \min\{M_1, M_2, \cdots, M_{m-1}\}$,则把当前工件 p_n 安排在机器 M_m 上,否则在前 $m-1$ 台机器上根据 LS 算法安排当前工件 p_n.

重复执行以上各步直到不再有新工件到来为止. 在执行算法过程中,如果存在多台机器同时可以安排工件 p_n,则任选一台机器.

下面先介绍两个引理然后给出本节主要定理. 由 $C_{\min}$ 算法和 LS 算法易知引理 1 成立.

引理 1 不论加工进行到哪一阶段都有

1) $|M_i - M_j| \leqslant p_{\max} (i, j \neq m)$,

2) $M_m - M_i \leqslant \dfrac{p_{\max}}{s}$.

引理 2 如果 $M_m \geqslant \dfrac{p_{\max}}{s}$,那么 $M_i - M_m \leqslant p_{\max}$,$\forall i$.

证明 不失一般性,假设加工进行到某一阶段时 $M_m \geqslant \dfrac{p_{\max}}{s}$ 但是 $M_i - M_m > p_{\max}$. 设 x 是安排在机器 M_i 上的最后一个工件,M_i^x 是

工件 x 安排前机器 M_i 的负载. 由 $x \leqslant p_{\max}$,可得 $M_i^x > M_m$. 由 $C_{\min}$ 算法知工件 x 不会安排在机器 M_i 上,矛盾.

下面的两个定理给出了问题 $Qn \mid known\ largest\ job \mid C_{\min}(s_1 = s_2 = \cdots = s_{m-1} = 1, 1 \leqslant s_m = s)$ 的下界.

定理 1 对 $Q2 \mid known\ largest\ job \mid C_{\min}(s_1 = 1, 1 \leqslant s_2 = s)$ 问题,任何算法的竞争比至少是

$$
\begin{cases}
\dfrac{3}{2s} & 1 \leqslant s \leqslant \dfrac{\sqrt{6}}{2}, \\[2ex]
s & \dfrac{\sqrt{6}}{2} < s \leqslant \dfrac{1+\sqrt{5}}{2}, \\[2ex]
1 + \dfrac{1}{s} & \dfrac{1+\sqrt{5}}{2} < s \leqslant s_a \approx 4.049, \\[2ex]
\dfrac{\sqrt{5s^2 + 2s + 1} + s - 1}{2(s+1)} & s > s_a \approx 4.049,\ \text{这里 } s_a \text{ 是方程} \\[2ex]
2s^4 - 4s^3 - 14s^2 - 10s - 2 = 0 \text{ 的一个根.}
\end{cases}
$$

证明:

(1) 若 $1 \leqslant s \leqslant \dfrac{\sqrt{6}}{2}$. 考虑以下实例,假设最初的两个工件分别为 $p_1 = 1$, $p_2 = 1$. 如果某算法 A 把它们安排在不同的机器上加工,则工件 $p_3 = p_{\max} = 2$ 到来后不再来其他的工件. 显然 $C^* = \dfrac{2}{s}$,$C_A = 1$,因此 $\dfrac{C^*}{C_A} = \dfrac{2}{s}$. 如果算法 A 把它们安排在相同的机器上加工,则工件 $p_3 = p_4 = p_{\max} = 2$ 到来后不再来其他的工件. 此时易知 $C^* = \dfrac{3}{s}$,$C_A \leqslant 2$. 因此 $\dfrac{C^*}{C_A} \geqslant \dfrac{3}{2s}$.

(2) 若 $\dfrac{\sqrt{6}}{2} \leqslant s \leqslant s_a \approx 4.049$. 考虑如下实例,假设最初的两个工

件分别为 $p_1 = 1$, $p_2 = s$ 且工件的最大加工时间为 s. 如果某算法 A 把它们安排在相同的机器上加工,则不再来其他的工件. 显然 $C^* = 1$, $C_A = 0$. 因此 $\dfrac{C^*}{C_A} \to \infty$. 如果算法 A 把 p_1 安排在机器 M_2 上而把 p_2 安排在机器 M_1 上,则不再有其他的工件到来,此时有 $\dfrac{C^*}{C_A} = s$. 如果算法 A 把 p_1 安排在机器 M_1 上而把 p_2 安排在机器 M_2 上,则最后到来一个加工时间为 s 的最大工件 p_3. 下面考虑如下两种情形:

情形 1 如果 $s \geqslant \dfrac{s+1}{s}$, 即 $s \geqslant \dfrac{1+\sqrt{5}}{2}$, 则 $C_A = 1$, 而 $C^* = \dfrac{s+1}{s}$. 因此有 $\dfrac{C^*}{C_A} = \dfrac{s+1}{s}$.

情形 2 如果 $1 \leqslant s < \dfrac{s+1}{s}$, 即 $1 \leqslant s < \dfrac{1+\sqrt{5}}{2}$, 则 $C_A = 1$, 而 $C^* = s$. 因此有 $\dfrac{C^*}{C_A} = s$.

(3) 若 $s > s_a \approx 4.049$. 令 $x = \dfrac{-(s-1) + \sqrt{5s^2+2s+1}}{s}$, 则 $xs > 2$. 考虑如下实例,假设最初的两个工件分别为 $p_1 = \dfrac{xs}{2}$, $p_2 = p_{\max} = s$. 为了取得有限的竞争比任何算法都应该把它们安排在不同的机器上加工. 如果某算法 A 把 p_1 安排在机器 M_1 上而把 p_2 安排在机器 M_2 上加工,则最后工件 $p_3 = 1 + \dfrac{x}{2}$ 到来. 不难得知 $s > 1 + \dfrac{x}{2}$, $\dfrac{xs}{2} > \dfrac{1}{s}\left(s+1+\dfrac{x}{2}\right)$, 因此工件 p_3 应该安排在机器 M_2 上加工. 此时,

$C^* = 1 + \dfrac{x}{2}$, $C_A = \dfrac{1}{s}\left(s+1+\dfrac{x}{2}\right)$. 因此 $\dfrac{C^*}{C_A} = \dfrac{1+\dfrac{x}{2}}{\dfrac{1}{s}\left(s+1+\dfrac{x}{2}\right)} =$

$\dfrac{\sqrt{5s^2+2s+1}+s-1}{2(s+1)}$. 如果算法 A 把 p_1 安排在机器 M_2 上而把 p_2 安排在机器 M_1 上加工，则不再来其他的工件. 显然 $C^* = 1$, $C_A = \dfrac{x}{2}$. 因此 $\dfrac{C^*}{C_A} = \dfrac{2}{x} = \dfrac{\sqrt{5s^2+2s+1}+s-1}{2(s+1)}$.

综上可知定理 1 成立. 由定理 1 还知当 $s \to \infty$ 时竞争比的下界为 $\dfrac{1+\sqrt{5}}{2}$.

定理 2 任何算法解 $Qm \mid known\ largest\ job \mid C_{\min}(s_1 = s_2 = \cdots = s_{m-1} = 1, 1 \leqslant s_m = s)$ 问题的竞争比至少为 $m-1(m \geqslant 3)$.

证明 假设存在 m 个工件 $p_1 = p_2 = \cdots = p_{m-1} = \dfrac{1}{m-1}$, $p_m = s = p_{\max}$. 若某算法 A 安排这些工件使得某台机器空转则不再有新的工件到来, 此时可得 $C_A = 0$, $\dfrac{C^*}{C_A} \to \infty$. 否则, 最后来 $m-2$ 个加工时间为 1 的工件. 此时, 由算法 A 产生的机器最小负载至多为 $\dfrac{1}{m-1}$. 易知最优值为 1, 因此有 $\dfrac{C^*}{C_A} \geqslant m-1$.

定理 3 $C_{\min}$ 算法解 $Qm \mid known\ largest\ job \mid C_{\min}(s_1 = s_2 = \cdots = s_{m-1} = 1, 1 \leqslant s_m = s)$ 问题的竞争比为 $\max\left\{m-1, \dfrac{ms+m-1}{m-1+s}\right\}$, 且当 $1 \leqslant s \leqslant (m-1)(m-2)(m \geqslant 3)$ 时此算法是最优的.

证明 事实上, 我们只需要证明对任何实例 J, $\dfrac{C^*(J)}{C_{C_{\min}}(J)} \leqslant \max\left\{m-1, \dfrac{ms+m-1}{m-1+s}\right\}$ 成立即可. 假设 p_n 是实例 J 的最后一个工件, $C_{\min}$ 算法在安排工件 p_n 前各机器的负载分别为 M_1, M_2, $\cdots$, M_m. 不失一般性, 我们假设 $M_1 = \min\{M_1, M_2, M_3, \cdots, M_{m-1}\}$. 考虑

以下三种情形：

情形 1 $M_m < \dfrac{p_{\max}}{s}$.

令 x_i 是 p_n 未安排前已安排在机器 $M_i (i = 2, 3, \cdots, m-1)$ 上的最后一个工件，M_i^1 是机器 M_i 在 x_i 未安排前的负载. 易知 $p_n = p_{\max}$，$M_i^1 \leqslant M_1$ 且工件 p_n 应安排在机器 M_m 上.

1　如果 $M_1 \geqslant \dfrac{p_{\max}}{s}$，则由 $M_1 = \min\{M_1, M_2, M_3, \cdots, M_{m-1}\}$

可得 $C_{C_{\min}}(J) = M_m + \dfrac{p_{\max}}{s}$ 或者 $C_{C_{\min}}(J) = M_1$. 因为 $M_m < \dfrac{p_{\max}}{s}$，所

以 $M_i < p_{\max} + \dfrac{p_{\max}}{s}$ $\bigg($ 如果工件 x_i 是在步 1 中被安排加工的，则 $M_i <$

$p_{\max} + \dfrac{p_{\max}}{s}$. 如果工件 x_i 是在步 3 中被安排加工的，易证 $M_i < p_{\max} +$

$\dfrac{p_{\max}}{s} \bigg)$. 考虑以下两种情形：

a) 如果 $C_{C_{\min}}(J) = M_1$，则

$$\frac{C^*(J)}{C_{C_{\min}}(J)} \leqslant \frac{M_1 + M_2 + \cdots + M_{m-1} + s M_m + p_n}{(m-1+s)M_1}$$

$$< \frac{1}{m-1+s} + \frac{(m-2)p_{\max} + (m-2)\dfrac{p_{\max}}{s} + 2p_{\max}}{(m-1+s)\dfrac{p_{\max}}{s}}$$

$$= \frac{ms + m - 1}{m - 1 + s}.$$

b) 如果 $C_{C_{\min}}(J) = M_m + \dfrac{p_{\max}}{s}$，则

$$\frac{C^*(J)}{C_{C_{\min}}(J)} \leqslant \frac{s}{m-1+s} + \frac{M_1 + M_2 + \cdots + M_{m-1}}{(m-1+s)\left(M_m + \frac{p_{\max}}{s}\right)}$$

$$< \frac{s}{m-1+s} + \frac{(m-1)\left(p_{\max} + \frac{p_{\max}}{s}\right)}{(m-1+s)\frac{p_{\max}}{s}}$$

$$= \frac{ms+m-1}{m-1+s}.$$

2 如果 $M_1 < \dfrac{p_{\max}}{s}$，则 $M_m = 0$ 且 $C_{C_{\min}m}(J) = M_1$. 令 $x = \max\{x_i, 2 \leqslant i \leqslant m-1\}$，我们考虑以下两种情形：

a) $x \geqslant (m-1)M_1$.

此时有 $C^*(J) \leqslant \min\{M_1 + M_2^1 + \cdots + M_{m-1}^1, \dfrac{p_{\max}}{s}\}$. 因此

$$\frac{C^*(J)}{C_{C_{\min}}(J)} \leqslant \frac{M_1 + M_2^1 + \cdots + M_{m-1}^1}{M_1} \leqslant m-1.$$

b) $x < (m-1)M_1$.

如果 $M_1 + M_2 + \cdots + M_{m-1} > \dfrac{(m-1)p_{\max}}{s}$，则 $C^*(J) \leqslant$

$\dfrac{M_1 + M_2 + \cdots + M_{m-1} + p_{\max}}{m-1+s} < \dfrac{M_1 + M_2 + \cdots + M_{m-1}}{m-1}$. 如果 $M_1 +$

$M_2 + \cdots + M_{m-1} \leqslant \dfrac{(m-1)p_{\max}}{s}$，易知在最优序中工件 p_n 应该安排在

机器 M_m 上. 此时同样有 $C^*(J) \leqslant \dfrac{M_1 + M_2 + \cdots + M_{m-1}}{m-1}$. 因此

$$\frac{C^*(J)}{C_{C_{\min}}(J)} \leqslant \frac{M_1 + M_2 + \cdots + M_{m-1}}{(m-1)M_1}$$

$$< \frac{M_1 + (m-2)mM_1}{(m-1)M_1} = m - 1.$$

情形 2　$M_m = \frac{p_{\max}}{s}$.

1　如果机器 M_m 上只有一个工件，那么它一定是 $p_{\max}$.

1) 如果工件 p_n 是安排在机器 M_1，此时对应情形 1 中的 $M_m = 0$.

2) 如果工件 p_n 是安排在机器 M_m 上，那么它一定是执行算法步 3 的结果，因此可得 $\frac{p_{\max}}{s} \leqslant M_i \leqslant p_{\max} + \frac{p_{\max}}{s}(1 \leqslant i \leqslant m-1)$（如果 $M_i > p_{\max} + \frac{p_{\max}}{s}$，此时不妨假设 x 是已安排在机器 M_i 上的最后一个工件且 $M_i^x = M_i - x$. 因为 $x \leqslant p_{\max}$，易知 $M_i^x > \frac{p_{\max}}{s} = M_m$. 根据 $C_{\min m}$ 算法工件 x 不会安排在机器 M_i 上加工）和 $M_m + \frac{p_n}{s} \leqslant M_1 + \frac{p_{\max}}{s}$.

a) 如果 $M_m + \frac{p_n}{s} \leqslant M_1$，那么

$$\frac{C^*(J)}{C_{C_{\min}}(J)} \leqslant \frac{s}{m-1+s} + \frac{M_1 + M_2 + \cdots + M_{m-1}}{(m-1+s)\left(M_m + \frac{p_n}{s}\right)}$$

$$< \frac{s}{m-1+s} + \frac{(m-1)\left(p_{\max} + \frac{p_{\max}}{s}\right)}{(m-1+s)\frac{p_{\max}}{s}} = \frac{ms+m-1}{m-1+s}.$$

b) 如果 $M_1 < M_m + \frac{p_n}{s}$，那么

$$\frac{C^*(J)}{C_{C_{\min}}(J)} \leqslant \frac{1}{m-1+s} + \frac{M_2 + \cdots + M_{m-1} + sM_m + p_n}{(m-1+s)M_1}$$

$$\leqslant \frac{1}{m-1+s} + \frac{(m-2)\left(p_{\max} + \frac{p_{\max}}{s}\right) + 2p_{\max}}{(m-1+s)\frac{p_{\max}}{s}}$$

$$= \frac{ms+m-1}{m-1+s}.$$

2 如果机器 M_m 上至少有两个工件，显然有 $\frac{p_{\max}}{s} \leqslant M_i \leqslant \frac{p_{\max}}{s} + p_{\max}(i \in \{1, 2, \cdots, m-1\})$ 且 $p_n = p_{\max}$. 据 $M_i + \frac{p_{\max}}{s} \geqslant \frac{p_{\max}}{s} + \frac{p_{\max}}{s} = M_m + \frac{p_n}{s}$ 和算法步 3 知工件 p_n 应该安排在机器 M_m 上加工.

1) $M_1 \leqslant M_m + \frac{p_n}{s}$. 由引理 1 可知 $M_i \leqslant M_1 + p_{\max}$, $i \neq m$, 因此有

$$\frac{C^*(J)}{C_{C_{\min}}(J)} \leqslant \frac{1}{m-1+s} + \frac{M_2 + \cdots + M_{m-1}}{(m-1+s)M_1} + \frac{s\left(M_m + \frac{p_n}{s}\right)}{(m-1+s)M_1}$$

$$\leqslant \frac{2s+1}{m-1+s} + \frac{(m-2)\left(\frac{p_{\max}}{s} + p_{\max}\right)}{(m-1+s)\frac{p_{\max}}{s}}$$

$$= \frac{ms+m-1}{m-1+s}.$$

2) $M_m + \frac{p_n}{s} < M_1$, 则可得

$$\frac{C^*(J)}{C_{C_{\min}}(J)} \leqslant \frac{s}{m-1+s} + \frac{M_1 + M_2 + \cdots + M_{m-1}}{(m-1+s)\left(M_m + \frac{p_n}{s}\right)}$$

$$< \frac{s}{m-1+s} + \frac{(m-1)\left(p_{\max} + \frac{p_{\max}}{s}\right)}{(m-1+s)\frac{p_{\max}}{s}}$$

$$< \frac{ms+m-1}{m-1+s}.$$

情形 3　$M_m > \frac{p_{\max}}{s}$. 此时易知 $M_i \geqslant \frac{p_{\max}}{s} (i=1, 2, \cdots, m-1)$.

　　1　如果工件 p_n 是安排在机器 M_1 上, 注意到当前机器 M_1 的负载是 $M_1 + p_n$, 由引理 2 可得 $M_1 + p_n \leqslant M_m + p_{\max}, M_i \leqslant M_m + p_{\max}(i = 2, \cdots, m-1)$. 下面假设 $M_k = \min\{M_2, M_3, \cdots, M_{m-1}\}$.

　　1) $M_1 + p_n \leqslant M_k, M_1 + p_n \leqslant M_m$. 由引理 1 可得 $M_i \leqslant M_1 + p_{\max}$, $i \neq m, M_m \leqslant M_1 + \frac{p_{\max}}{s}$, 因此有

$$\frac{C^*(J)}{C_{C_{\min}}(J)} \leqslant \frac{1}{m-1+s} + \frac{M_2 + \cdots + M_{m-1} + sM_m}{(m-1+s)(M_1+p_n)}$$

$$\leqslant \frac{1}{m-1+s} + \frac{(m-2)(M_1+p_{\max}) + s\left(M_1 + \frac{p_{\max}}{s}\right)}{(m-1+s)(M_1+p_n)}$$

$$< \frac{ms+m-1}{m-1+s}.$$

　　2) $M_k < M_1 + p_n$, $M_k \leqslant M_m$. 由引理 1 可得 $M_m \leqslant M_k + \frac{p_{\max}}{s}$, 因此有

$$\frac{C^*(J)}{C_{C_{\min}}(J)} \leqslant \frac{(m-1)M_k + (m-2)p_{\max} + s\left(M_k + \frac{p_{\max}}{s}\right)}{(m-1+s)M_k}$$

$$\leqslant \frac{ms+m-1}{m-1+s}.$$

3) $M_m < M_1 + p_n, M_m < M_k$，则

$$\frac{C^*(J)}{C_{C_{\min}}(J)} \leqslant \frac{(s+m-1)M_m + (m-1)p_{\max}}{(m-1+s)M_m}$$

$$< \frac{ms+m-1}{m-1+s}.$$

2   如果工件 p_n 是安排在机器 M_m 上，显然是执行算法步 3 的结果，因此有 $M_m + \dfrac{p_n}{s} \leqslant M_i + \dfrac{p_{\max}}{s}(i=1,\ 2,\ \cdots,\ m-1)$.

1) $M_1 \leqslant M_m + \dfrac{p_n}{s}$，则

$$\frac{C^*(J)}{C_{C_{\min}}(J)} \leqslant \frac{(m-1)M_1 + (m-2)p_{\max} + s\left(M_1 + \dfrac{p_{\max}}{s}\right)}{(m-1+s)M_1}$$

$$\leqslant \frac{ms+m-1}{m-1+s}.$$

2) $M_m + \dfrac{p_n}{s} < M_1$. 由引理 2 可得 $M_i \leqslant M_m + p_{\max}$，$\forall i$，因此有

$$\frac{C^*(J)}{C_{C_{\min}}(J)} \leqslant \frac{s}{m-1+s} + \frac{(m-1)(M_m + p_{\max})}{(m-1+s)M_m} < \frac{ms+m-1}{m-1+s}.$$

由以上的证明过程和定理 2 易知当 $1 \leqslant s \leqslant (m-1)(m-2)(m \geqslant 3)$ 时，$C_{\min}$ 算法是最优的. 定理证毕.

由于当 $s=1$ 时 $Qm|known\ largest\ job|C_{\min}$ 问题即为 $Pm|known\ largest\ job|C_{\min}$ 问题，因此由定理 3 可知 $C_{\min}$ 算法是解 $Pm|known\ largest\ job|C_{\min}$ 问题的最优算法，其竞争比为 $m-1$.

由定理 1、定理 3 和何勇[28]有以下推论.

推论   对 $Q2 \mid known\ largest\ job \mid C_{\min}$ 问题，当 $s = 1$ 或者 $s = \dfrac{1+\sqrt{5}}{2}$ 时 $C_{\min}$ 算法是最优的算法.

由推论可知何勇[28]所考虑的问题只是本节所考虑问题当 $s=1$ 时的特例.

定理 4 $C_{\min}$ 算法解 $Q2 \mid known\ largest\ job \mid C_{\min}(s_1 = 1, 1 \leqslant s_2 = s)$ 问题的竞争比与最优算法解此问题的竞争比之差不大于 0.555.

证明   令 $diff$ 表示两者之差. 如果 $1 \leqslant s \leqslant \dfrac{\sqrt{6}}{2}$, 则

$$diff = \frac{2s+1}{s+1} - \frac{3}{2s} = \frac{4s^2 - s - 3}{2s^2 + 2s} \leqslant 4 - \frac{3}{2}\sqrt{6} \approx 0.326\ 428.$$

如果 $\dfrac{\sqrt{6}}{2} < s \leqslant \dfrac{1+\sqrt{5}}{2}$, 则

$$diff = \frac{2s+1}{s+1} - s = \frac{s+1-s^2}{s+1} < 4 - \frac{3}{2}\sqrt{6} \approx 0.326\ 428.$$

如果 $\dfrac{1+\sqrt{5}}{2} < s \leqslant s_a \approx 4.049$, 则

$$diff = \frac{2s+1}{s+1} - 1 - \frac{1}{s} = \frac{s^2 - s - 1}{s(s+1)} \leqslant 0.555.$$

如果 $s > s_a \approx 4.049$, 则

$$diff = \frac{2s+1}{s+1} - \frac{\sqrt{5s^2 + 2s + 1} + s - 1}{2(s+1)} < 0.555.$$

显然 $C_{\min}$ 算法解 $Qm \mid known\ largest\ job \mid C_{\min}(s_1 = s_2 = \cdots = s_{m-1} = 1, 1 \leqslant s_m = s)$ 问题的竞争比与最优算法解此问题的竞争比之差不大于 1.

下面我们证明 $C_{\min}$ 算法是紧的.

定理 5 $C_{\min}$ 算法是紧的.

证明 根据 m 的不同值考虑以下两种情形:

情形 1 $m=2$.

此时只需要证明对于任何的 $s \geqslant 1$ 存在实例 J 使得 $\dfrac{C^*(J)}{C_{C_{\min}}(J)} = \dfrac{2s+1}{1+s}$. 假设有四个工件 $p_1 = 1$, $p_2 = s - \dfrac{s}{s+1}$, $p_3 = 1 - \dfrac{1}{s+1}$, $p_4 = s$ 且 $p_4 = s$ 是最大的工件. 由 $C_{\min}$ 算法易知工件 p_1 被安排在机器 M_1 上加工. 因为当前机器 M_1 的负载为 $1 = \dfrac{p_{\max}}{s}$, 由算法步 3 知所有剩余的工件应该放在机器 M_2 上加工. 易知 $C^*(J) = 2 - \dfrac{1}{s+1}$, $C_{C_{\min}} = 1$, 因此 $\dfrac{C^*(J)}{C_{C_{\min}}(J)} = \dfrac{2s+1}{1+s}$.

情形 2 $m \geqslant 3$, 此时我们再分两种情形讨论:

Subcase 1 $1 \leqslant s \leqslant (m-1)(m-2)$.

只需要证明对于任何的 $s(1 \leqslant s \leqslant (m-1)(m-2))$ 存在实例 J 使得 $\dfrac{C^*(J)}{C_{C_{\min}}(J)} = m-1$. 假设有 $2m-2$ 个工件: $p_1 = p_2 = \cdots = p_{m-1} = \dfrac{1}{m-1}$, $p_m = s$, $p_{m+1} = \cdots = p_{2m-2} = 1$ 且工件 $p_m = s$ 是最大的工件. 显然 $C^*(J) = 1$. 由 $C_{\min}$ 算法工件 p_1, p_2, $\cdots$, p_m 应该安排分别在机器 M_1, M_2, $\cdots$, M_m 上加工. 不管剩余的工件安排在哪一台机器上加工, $C_{C_{\min}}(J) = \dfrac{1}{m-1}$. 因此有 $\dfrac{C^*(J)}{C_{C_{\min}}(J)} = m-1$.

Subcase 2 $s > (m-1)(m-2)$.

此时只需要证明对于任何的 $s(s > (m-1)(m-2))$ 存在实例 J 使得 $R_{C_{\min}} = \dfrac{ms+m-1}{m-1+s}$. 假设有 $3m-2$ 个工件: $p_1 = 1$, $p_2 = \cdots =$

$$p_{m-1} = 1 - \varepsilon, \quad p_m = \cdots = p_{2m-2} = s, \quad p_{2m-1} = s - \frac{(m-1)^2 s}{m-1+s},$$

$$p_{2m} = \cdots = p_{3m-2} = m - 1 - \frac{(m-1)^2}{m-1+s},$$ 这里 $p_{\max} = s$，ε 是一个任意

小的正数. 显然 $C^*(J) = \dfrac{(ms + m - 1) - \varepsilon(m-1+s)}{m-1+s}$. 由 $C_{\min}$ 算

法易知 $p_1 \to M_1$，$p_2 \to M_2$，$\cdots$，$p_m \to M_m$. 因为当前机器 $M_i (2 \leqslant i \leqslant m-1)$ 的负载是 $1 - \varepsilon < \dfrac{p_{\max}}{s} = 1$，由 $C_{\min}$ 算法步 2.2 知 $p_{m+j} = s \to M_{j+1} (1 \leqslant j \leqslant m-2)$. 根据 $C_{\min}$ 算法步 3 显然所有剩余的工件都应该安排在机器 M_m 上加工，因此 $C_{C_{\min}} = 1$. 注意到 ε 是一个任意小的正数，因此 $R_{C_{\min}} = \dfrac{ms + m - 1}{m - 1 + s}$.

由定理 5 可知对任意的 $m \geqslant 2$ 和 $s \geqslant 1$，$C_{\min}$ 算法都是紧的. 对 $m \geqslant 3$，我们给出了 $Qm \mid known\ largest\ job \mid C_{\min}(s_1 = s_2 = \cdots = s_{m-1} = 1, 1 \leqslant s_m \leqslant s)$ 问题竞争比的下界 $m - 1$ 和上界 $\dfrac{ms + m - 1}{m - 1 + s}$. 显然下界和上界之差不会超过 1，且随着 m 的增大 $C_{\min}$ 算法更优越. 由定理 3 可知当 $1 \leqslant s \leqslant (m-1)(m-2)(m \geqslant 3)$ 时 $C_{\min}$ 算法是最优的，但当 $s > (m-1)(m-2)(m \geqslant 3)$ 时 $C_{\min}$ 算法是否是最优的我们不得而知，因此寻找当 $s > (m-1)(m-2)(m \geqslant 3)$ 时的最优算法是一件有意义的工作.

第三章 已知工件最大加工时间的极小化目标问题

§3.1 引言

　　本章讨论已知工件最大加工时间的半在线问题,目标为极小化机器最大负载. 对于目标函数为极小化机器最大负载的半在线问题,我们在第一章中有过专门的讨论,这里不再重复. 下面的结果是关于目标函数为极小化机器最大负载在线问题的.

　　对于同型机问题, Graham[22] 在解 $Pm \mid\mid C_{\max}$ 问题时提出了解在线问题的著名的 LS 算法,即将当前工件安排在能使其最早完工的机器上加工,且证明了 LS 算法竞争比为 $2 - \dfrac{1}{m}$. 1989 年, Faigle, Kern & Turan[18] 证明了当 $m = 2, 3$ 时 LS 算法为解此问题的最佳在线算法;对 $m \geqslant 4$,文[18]证得 LS 算法的竞争比下界为 $1 + \dfrac{1}{\sqrt{2}} \doteq 1.707$.

Bartal et al.[7] 进一步证得其竞争比下界为 1.837. 在文[18]发表后人们开始把目光投向 $m \geqslant 4$ 的情形. 当 $m \geqslant 4$ 时, Chen et al.[14] 给出了竞争比好于 LS 算法的在线算法 MLS. 当 $4 \leqslant m \leqslant 20$ 时其提供的算法是至今最好的,但对足够大的 m,类似于 LS 算法,其算法的竞争比也趋于 2. Galambos 和 Woeginer[21] 在 1993 年给出 RLS 算法并证明其竞争比为 $2 - \dfrac{1}{m} - e_m$,其中 $e_m > 0$ 为只同 m 有关的数. 应该说 Galambos 和 Woeginer[21] 给出的 RLS 算法比 LS 好,但还是很接近 2. 真正在竞争比意义上严格小于 2 的近似算法是在 1995 年由 Bartal et al.[8] 给出，其所给的近似算法的竞争比为 $2-1/70 \approx 1.986$. 随后，Karger et al.[38] 给出了竞争比为 1.945 近似算法. 在 1997 年，Albers[1] 证得当 $m \geqslant 80$ 时 $Pm \parallel C_{\max}$ 问题的竞争比下界为 1.852，并给出了竞争比为 1.923 的近似算法，显然这中间的间隙已足够小.

对于同类机问题，Cho & Sahni[13] 证明了 LS 算法的竞争比为 $\dfrac{1+\sqrt{5}}{2}(m=2)$ 和 $1+\sqrt{\dfrac{m-1}{2}}(3 \leqslant m \leqslant 6)$. 显然当 $m=2,3$ 时，LS 算法是最优的. 对于其他的 m，Aspnes et al.[2] 证明 LS 算法的竞争比为 $O(\log m)$. 对于特殊的同类机问题，如假设机器数为 m，机器的速度分别为 $s_i=1(1 \leqslant i \leqslant m-1)$，$s_m = s > 1$，Cho & Sahni[13] 证明了 LS 算法的竞争比为 $3-\dfrac{4}{m+1}$.

本章是这样安排的：在第二节考虑两台同类机的问题，我们给出竞争比分别为 $\dfrac{2(s+1)}{s+2}(1 \leqslant s \leqslant 2)$ 和 $\dfrac{s+1}{s}(s>2)$ 的 Qmax2 算法，证明此算法是紧的且相应某些 s 的特殊值是最优的；同时给出问题的参数竞争比下界. 在第三节考虑三台同类机半在线问题，三台机器的速度分别为 $s_1=r$, $s_2=1$, $s_3=s>1$, $1 \leqslant r \leqslant s$. 在第三节中我们证明任何算法解此问题的非参数竞争比的下界为 $\dfrac{3}{2}$，且给出 Qmax3 算法并证明此算法的竞争比不大于 $\dfrac{2(r+s+1)}{2r+s}(1<s \leqslant 2)$ 和 $\dfrac{r+2s+1}{r+s}(s>2)$ 且严格小于 2. 在第四节中我们考虑三台特殊同类机问题，假设三台同类机分别为 M_1, M_2, M_3，它们的速度为 $s_1=s_2=1$, $s_3=s \geqslant 1$. 我们给出 Qmax3t 算法，并证明其竞争比不大于 $\dfrac{s+2}{2}(1 \leqslant s \leqslant 2)$ 和 $\dfrac{s+2}{s}(s>2)$ 且恒小于 2，同时给出该问题竞争比的一个下界. 在第五节中我们考虑 m 台同型机问题，给出一个竞争

比为 $\dfrac{2m-3}{m-1}$ 的 C_{max} 算法,并证明此算法对任何 $m \geqslant 3$ 是紧的. 我们进

一步给出了此问题的一个下界 $\dfrac{4}{3}$ 并且证明 LS 算法解 $Pm \mid known$

$largest\ job \mid C_{max}$ 问题的竞争比仍然是 $2 - \dfrac{1}{m}$,比 LS 算法解

$Pm \parallel C_{max}$ 问题的竞争比并没有减少. 显然当 m 较小时 C_{max} 算法比
LS 算法好,且是一个较好的算法.

§3.2　两台同类机问题

在本节中我们考虑两台同类机 M_1,M_2 的情形,它们的速度
分别为 1 和 s. 我们给出竞争比分别为 $\dfrac{2(s+1)}{s+2}$ $(1 \leqslant s \leqslant 2)$ 和 $\dfrac{s+1}{s}$

$(s > 2)$ 的 Qmax2 算法,证明此算法是紧的且在某些 s 的特殊值是
最优的.

在给出算法之前先定义几个符号,用 $L(M_i)(i=1,2,3)$ 表示加
工过程中某阶段机器 M_i 的负载,即当前已分给机器 M_i 加工的工件
的总加工时间与机器速度的比值,在不致引起混淆的情况下我们仍
用 M_i 表示. 用 p_{max} 表示最大的加工时间,某个工件在机器 M_1 上的
加工时间是 p_{max},则称此工件是一个最大的工件且仍用 p_{max} 表示,用
x 表示当前需要安排的工件及其所需加工时间.

在给出 Qmax2 算法之前先引入 NPLS 算法,NPLS 算法仅适合于
$1 \leqslant s \leqslant 2$ 的情形.

在给出 Qmax2 算法之前先引入 NPLS 算法,NPLS 算法仅适合于
$1 \leqslant s \leqslant 2$ 的情形.

NPLS 算法

步 1:若 $x \neq p_{max}$,如果 $M_1 + x < \dfrac{2p_{max}}{s}$,则把工件 x 安排在机

器 M_1 上加工，否则转步 3；

步 2：若 $x = p_{\max}$，如果 $M_2 + \dfrac{x}{s} < \dfrac{2p_{\max}}{s}$，则把工件 x 安排在机器 M_2 上加工，否则转步 3；

步 3：在机器 M_1, M_2 上按 LS 算法加工，LS 算法总是把当前工件放在最早完工的机器上加工.

重复执行以上各步直到不再有新工件到来为止. 在执行算法过程中，如果存在两台机器同时可以安排工件 x，则任选一台机器.

下面介绍几个引理，定理 1 的证明要用到这几个引理.

引理 1 若 $M_2 < \dfrac{p_{\max}}{s}$，则已排工件均非最大工件且 $M_1 < \dfrac{2p_{\max}}{s}$.

证明 由 NPLS 算法知引理显然成立.

引理 2

1) 不论加工进行到哪一阶段都有 $M_2 - M_1 \leqslant p_{\max}$.

2) 当 $M_2 \geqslant \dfrac{p_{\max}}{s}$ 时，$M_1 - M_2 \leqslant \dfrac{p_{\max}}{s}$.

证明 由 NPLS 算法和 LS 算法易知引理 2 成立.

定理 1 NPLS 算法解 $Q2 \mid known\ largest\ job \mid C_{\max}$ 问题的竞争比为 $\dfrac{2(s+1)}{s+2}(1 \leqslant s \leqslant 2)$.

证明 假设 p_n 是最后一个工件，NPLS 算法在安排工件 p_n 前各机器的负载分别为 M_1, M_2，考虑以下 3 种情形：

情形 1 $M_2 < \dfrac{p_{\max}}{s}$.

此时易知 $p_n = p_{\max}$，$M_1 < \dfrac{2p_{\max}}{s}$. 由 NPLS 算法知工件 p_n 应该安排在机器 M_2 上加工，且 $C_{NPLS}(J) = \max\left\{M_1, M_2 + \dfrac{p_{\max}}{s}\right\}$，

$$C^*(J) \geqslant \frac{M_1 + sM_2 + p_n}{1+s}.$$

1) 如果 $C_{NPLS}(J) = M_1$，则 $\dfrac{C_{NPLS}(J)}{C^*(J)} \leqslant \dfrac{(1+s)M_1}{M_1 + sM_2 + p_n} <$

$$\frac{(1+s)\dfrac{2p_{\max}}{s}}{\dfrac{2p_{\max}}{s} + p_{\max}} = \frac{2(s+1)}{s+2}.$$

2) 如果 $C_{NPLS}(J) = M_2 + \dfrac{p_{\max}}{s}$，则当 $M_2 = 0$ 时 NPLS 算法是最

优的；而当 $M_2 > 0$ 时，注意到 $M_1 + sM_2 \geqslant \dfrac{2p_{\max}}{s}$，从而 $\dfrac{C_{NPLS}(J)}{C^*(J)} \leqslant$

$$\frac{(1+s)\left(M_2 + \dfrac{p_{\max}}{s}\right)}{M_1 + sM_2 + p_n} < \frac{(1+s)\dfrac{2p_{\max}}{s}}{\dfrac{2p_{\max}}{s} + p_{\max}} = \frac{2(s+1)}{s+2}.$$

情形 2　$M_2 = \dfrac{p_{\max}}{s}$.

此时显然 $M_1 \leqslant \dfrac{2p_{\max}}{s}$（如果 $M_1 > \dfrac{2p_{\max}}{s}$，则由 $M_2 + \dfrac{p_{\max}}{s} = \dfrac{2p_{\max}}{s}$

可知至少存在一个已安排在机器 M_1 上使得机器 M_1 的负载大于 $\dfrac{2p_{\max}}{s}$

的工件应该安排在机器 M_2 上加工）.

1　如果工件 p_n 安排在机器 M_1 上加工，此时相当于情形 1 中 $M_2 = 0$ 的情形.

2　如果工件 p_n 安排在机器 M_2 上加工，则 $M_2 + \dfrac{p_n}{s} \leqslant M_1 +$

p_n. 结合 $s\left(M_2 + \dfrac{p_n}{s}\right) \leqslant s \times \dfrac{2p_{\max}}{s} = 2p_{\max} = 2sM_2$，可得 $(s+$

2) $\left(M_2 + \dfrac{p_n}{s}\right) \leqslant 2M_1 + 2sM_2 + 2p_n$，即 $\dfrac{(1+s)\left(M_2 + \dfrac{p_n}{s}\right)}{M_1 + sM_2 + p_n} \leqslant$

$\dfrac{2(s+1)}{s+2}$. 进一步，由 $(s+2)M_1 = 2M_1 + sM_1 \leqslant 2M_1 + 2p_{\max} =$

$2M_1 + 2sM_2$，可得 $\dfrac{(1+s)M_1}{M_1 + sM_2 + p_n} < \dfrac{2(s+1)}{s+2}$. 因此 $\dfrac{C_{NPLS}(J)}{C^*(J)} \leqslant$

$\dfrac{(1+s)\max\{M_1, M_2 + \dfrac{p_n}{s}\}}{M_1 + sM_2 + p_n} \leqslant \dfrac{2(s+1)}{s+2}$.

情形 3 $M_2 > \dfrac{p_{\max}}{s}$.

由于最大的工件的加工时间为 $p_{\max}$，因此至少有两个工件在机器 M_2 上加工. 不失一般性，假设安排在机器 M_2 上的头两个工件按其加工时间大小排列为 $x, y (x \leqslant y)$.

首先我们证明 $\dfrac{(1+s)M_2}{M_1 + sM_2 + p_n} < \dfrac{2(s+1)}{s+2}$.

如果 $x < p_{\max}$，则工件 x 安排在机器 M_2 上加工是执行 NPLS 算法步 3 的结果. 因此有 $M_1 + x \geqslant \dfrac{2p_{\max}}{s}$、$M_1 + y \geqslant \dfrac{2p_{\max}}{s}$. 由于 x 和 y 是安排在机器 M_2 上的两个工件，因此 $sM_2 \geqslant x + y$. 故 $2M_1 + sM_2 \geqslant \dfrac{4p_{\max}}{s}$. 易知 $(s+2)M_2 \leqslant 2M_1 + 2sM_2$. 事实上，如果 $M_2 \leqslant \dfrac{2p_{\max}}{s}$，则由 $2M_2 \leqslant \dfrac{4p_{\max}}{s} \leqslant 2M_1 + sM_2$ 可得结论成立. 如果 $M_2 > \dfrac{2p_{\max}}{s}$，则由 $2(M_2 - M_1) \leqslant 2p_{\max} = s \times \dfrac{2p_{\max}}{s} < sM_2$ 也可证得结论成立. 因此 $\dfrac{(1+s)M_2}{M_1 + sM_2 + p_n} < \dfrac{2(s+1)}{s+2}$.

如果 $x = p_{\max}$，则 $y = p_{\max}$ 且 $M_2 \geqslant \dfrac{2p_{\max}}{s}$. 由于第二个 $p_{\max}$ 工件

安排在机器 M_2 上加工是执行 NPLS 算法步 3 的结果，因此 $M_1 +$

$p_{\max} \geqslant \dfrac{2p_{\max}}{s}$. 故 $2M_1 + sM_2 \geqslant \dfrac{4p_{\max}}{s}$. 下面类似于 $x < p_{\max}$ 情形可证

得 $\dfrac{(1+s)M_2}{M_1 + sM_2 + p_n} < \dfrac{2(s+1)}{s+2}$.

其次证明 $\dfrac{(1+s)M_1}{M_1 + sM_2 + p_n} < \dfrac{2(s+1)}{s+2}$. 此结果易由 $s(M_1 -$

$M_2) \leqslant p_{\max} < sM_2$ 得到.

接下来分两种情况来继续讨论 $M_2 > \dfrac{p_{\max}}{s}$ 的情形.

1　p_n 安排在机器 M_1 上加工. 此时显然 $M_1 + p_n \leqslant M_2 + \dfrac{p_n}{s}$.

1）如果 $M_1 + p_n \leqslant M_2$，则 $\dfrac{C_{NPLS}(J)}{C^*(J)} \leqslant \dfrac{(1+s)M_2}{M_1 + sM_2 + p_n} <$

$\dfrac{2(s+1)}{s+2}$.

2）如果 $M_1 + p_n > M_2$，则由 $s(M_1 + p_n) \leqslant s\left(M_2 + \dfrac{p_n}{s}\right) \leqslant sM_2 +$

$p_{\max} < 2sM_2$，可得 $\dfrac{C_{NPLS}(J)}{C^*(J)} \leqslant \dfrac{(1+s)(M_1 + p_n)}{M_1 + sM_2 + p_n} < \dfrac{2(s+1)}{s+2}$.

2　p_n 安排在机器 M_2 上加工. 易知此时 $M_2 + \dfrac{p_n}{s} \leqslant M_1 + p_n$ 且

$M_1 - \left(M_2 + \dfrac{p_n}{s}\right) \leqslant \dfrac{p_{\max}}{s}$.

1）如果 $M_1 \geqslant M_2 + \dfrac{p_n}{s}$，则 $\dfrac{C_{NPLS}(J)}{C^*(J)} \leqslant \dfrac{(1+s)M_1}{M_1 + sM_2 + p_n} <$

$\dfrac{2(s+1)}{s+2}$.

2) 如果 $M_1 < M_2 + \dfrac{p_n}{s}$，则可证明 $\dfrac{C_{NPLS}(J)}{C^*(J)} \leqslant \dfrac{(1+s)\left(M_2 + \dfrac{p_n}{s}\right)}{M_1 + sM_2 + p_n} < \dfrac{2(s+1)}{s+2}$. 事实上，由 $M_2 + \dfrac{p_n}{s} \leqslant M_1 + p_n$ 可得 $2\left(M_2 + \dfrac{p_n}{s}\right) \leqslant 2M_1 + 2p_n$. 因此 $(s+2)\left(M_2 + \dfrac{p_n}{s}\right) < 2(M_1 + sM_2 + p_n)$，故结论成立.

综上所述，定理成立.

下面介绍 Qmax2 算法，Qmax2 算法由两个算法构成，它适合于任意的 $s \geqslant 1$.

Qmax2 算法

步 0：如果 $1 \leqslant s \leqslant 2$，则转步 1；如果 $s > 2$，则转步 2.

步 1：用 NPLS 算法加工所有工件.

步 2：用 LS 算法加工所有工件.

定理 2 Qmax2 算法解 $Q2 \mid known\ largest\ job \mid C_{\max}$ 问题的竞争比为 $\dfrac{2(s+1)}{s+2}(1 \leqslant s \leqslant 2)$ 和 $\dfrac{s+1}{s}(s > 2)$.

证明 由定理 1 和文[16]，显然定理 2 成立.

推论 当 $s = 1$ 和 $s = \sqrt{2}$ 时 Qmax2 是最优的.

证明 由文[35, 59]可知定理成立.

定理 3 Qmax2 算法是紧的.

证明 根据 s 值的不同我们考虑以下两种情形：

情形 1 $1 \leqslant s \leqslant 2$.

此时我们只需要证明存在实例使得当 $1 \leqslant s \leqslant 2$ 时 $R_{Qmax2} = \dfrac{2(s+1)}{s+2}$ 成立即可. 假设有四个工件 $p_1 = s(s+1)$，$p_2 = p_3 = s$，$p_4 = 2 - \varepsilon$，其中 $p_{\max} = s(s+1)$ 且 ε 是一个任意小的正数. 显然 $C^*(J) = s + 2$. 由 NPLS 算法可知工件 p_1 应该安排在机器 M_2 上加工. 因为 $p_2 + p_3 + p_4 = 2s + 2 - \varepsilon < \dfrac{2p_{\max}}{s} = 2s + 2$，由 NPLS 算法可知工

件 p_2，p_3，p_4 应该全部安排在机器 M_1 上加工. 因此 $\dfrac{C_{Qmax2}(J)}{C^*(J)} = $

$\dfrac{2(s+1)-\varepsilon}{s+2}$. 注意到 ε 是一个任意小的正数，因此 $R_{Qmax2} = $

$\dfrac{2(s+1)}{s+2}$.

情形 2　$s > 2$.

此时我们只需要证明存在实例使得当 $s > 2$ 时 $\dfrac{C_{Qmax2}(J)}{C^*(J)} = \dfrac{s+1}{s}$

成立即可. 假设有两个工件 $p_1 = s$，$p_2 = s^2$，其中 $p_{max} = s^2$. 显然 $C^*(J) = s$. 由 Qmax2 算法工件 p_1，p_2 应该全部安排在机器 M_2 上加工，因此 $C_{C_{Qmax2}}(J) = s+1$. 故 $\dfrac{C_{Qmax2}(J)}{C^*(J)} = \dfrac{s+1}{s}$.

下面我们给出 $Q2\,|\,known\ largest\ job\,|\,C_{max}$ 问题的一个下界，为此先给出几个引理.

引理 3　当 $s \geqslant \dfrac{-1+\sqrt{17}}{2}$ 时，任何算法解 $Q2\,|\,known\ largest\ job\,|$ C_{max} 问题的竞争比不小于

$$\begin{cases} \dfrac{2}{s} & \dfrac{-1+\sqrt{17}}{2} \leqslant s \leqslant \dfrac{1+\sqrt{5}}{2}, \\ \dfrac{2s}{s+1} & \dfrac{1+\sqrt{5}}{2} < s \leqslant \dfrac{3+\sqrt{17}}{4}, \\ \dfrac{2s+1}{2s} & s > \dfrac{3+\sqrt{17}}{4}. \end{cases}$$

证明： 令 $p_1 = 1$，$p_{max} = s$.

1　若某算法 A 把工件 p_1 安排在机器 M_2 上加工，则工件 $p_2 = s$ 到来后不再来其他的工件. 显然 $C^* = 1$，而

$$C_A \geqslant \min\left\{s, \frac{s+1}{s}\right\} = \begin{cases} s & 1 \leqslant s \leqslant \dfrac{1+\sqrt{5}}{2}, \\ \dfrac{s+1}{s} & s > \dfrac{1+\sqrt{5}}{2}. \end{cases}$$

从而

$$\frac{C_A}{C^*} \geqslant \begin{cases} s & 1 \leqslant s \leqslant \dfrac{1+\sqrt{5}}{2}, \\ \dfrac{s+1}{s} & s > \dfrac{1+\sqrt{5}}{2}. \end{cases}$$

2 若算法 A 把工件 p_1 安排在机器 M_1 上加工,则令工件 $p_2 = 1$ 到来.

a) 如果算法 A 把工件 p_2 也安排在机器 M_1 上加工,则最后一个工件 $p_3 = s$ 到来后不再来其他的工件. 显然 $C_A = 2$,而

$$C^* = \begin{cases} \dfrac{2}{s} & 1 \leqslant s \leqslant \sqrt{2}, \\ s & \sqrt{2} < s \leqslant \dfrac{1+\sqrt{5}}{2}, \\ \dfrac{s+1}{s} & s > \dfrac{1+\sqrt{5}}{2}. \end{cases}$$

从而

$$\frac{C_A}{C^*} \geqslant \begin{cases} s & 1 \leqslant s \leqslant \sqrt{2}, \\ \dfrac{2}{s} & \sqrt{2} < s \leqslant \dfrac{1+\sqrt{5}}{2}, \\ \dfrac{2s}{s+1} & s > \dfrac{1+\sqrt{5}}{2}. \end{cases}$$

b) 如果算法 A 把工件 p_2 安排在机器 M_2 上加工,则最后两个工

件 $p_3 = p_4 = s$ 到来后不再来其他的工件. 显然 $C^* = 2$,而

$$C_A \geqslant \min\left\{s+1, \frac{2s+1}{s}\right\} = \begin{cases} \dfrac{2s+1}{s} & s \geqslant \dfrac{1+\sqrt{5}}{2}, \\ s+1 & s < \dfrac{1+\sqrt{5}}{2}. \end{cases}$$

从而

$$\frac{C_A}{C^*} \geqslant \begin{cases} \dfrac{2s+1}{2s} & s \geqslant \dfrac{1+\sqrt{5}}{2}, \\ \dfrac{s+1}{2} & s < \dfrac{1+\sqrt{5}}{2}. \end{cases}$$

注意到上述的讨论对任意的 $s \geqslant 1$ 都成立,但如果我们限制 s 为 $s \geqslant \dfrac{-1+\sqrt{17}}{2}$,则知引理成立.

引理 4　当 $\dfrac{2\sqrt{3}}{3} \leqslant s < \dfrac{-1+\sqrt{17}}{2}$ 时,任何算法解 $Q2 \mid known\ largest\ job \mid C_{\max}$ 问题的竞争比不小于

$$\begin{cases} s & \dfrac{2\sqrt{3}}{3} \leqslant s \leqslant \sqrt{2}, \\ \dfrac{2}{s} & \sqrt{2} < s < \dfrac{-1+\sqrt{17}}{2}. \end{cases}$$

证明　令 $p_1 = p_{\max} = s$,下面的讨论对 $1 \leqslant s < 2$ 都成立.

若某算法 A 把工件 p_1 安排在机器 M_1 上加工,则不再来其他的工件,显然 $\dfrac{C_A}{C^*} = s$.

若算法 A 把工件 p_1 安排在机器 M_2 上加工,则再来一个工件 $p_2 = 2 - s$.

a) 如果工件 $p_2 = 2 - s$ 也安排在机器 M_2 上加工,则不再来其他的工件,此时 $\dfrac{C_A}{C^*} = \dfrac{2}{s}$.

b) 如果工件 $p_2 = 2 - s$ 安排在机器 M_1 上加工,则最后来一个工件 $p_3 = s$. 显然 $C_A = 2$,而

$$C^* = \begin{cases} \dfrac{2}{s} & s \leqslant \sqrt{2}, \\[2mm] s & s > \sqrt{2}. \end{cases}$$

从而当 $\dfrac{2\sqrt{3}}{3} \leqslant s < \dfrac{-1+\sqrt{17}}{2}$ 时,

$$\frac{C_A}{C^*} = \begin{cases} s & \dfrac{2\sqrt{3}}{3} \leqslant s \leqslant \sqrt{2}, \\[2mm] \dfrac{2}{s} & \sqrt{2} < s < \dfrac{-1+\sqrt{17}}{2}. \end{cases}$$

引理 5 当 $1 \leqslant s < \dfrac{2\sqrt{3}}{3}$ 时,任何算法解 $Q2 \mid known\ largest\ job \mid C_{\max}$ 问题的竞争比不小于 $\dfrac{4}{3s}$.

证明 设 $p_1 = p_2 = 1, p_{\max} = 2$. 若某算法 A 把工件 p_1, p_2 放在相同的机器上加工,则工件 $p_3 = p_4 = 2$ 到来后不再来其他的工件. 显然 $C_A \geqslant \dfrac{4}{s}$,而 $C^* = 3$,从而 $\dfrac{C_A}{C^*} \geqslant \dfrac{4}{3s}$.

若算法 A 把工件 p_1, p_2 放在不同的机器上加工,则工件 $p_3 = 2$ 到来后不再来其他的工件. 显然 $C_A \geqslant \dfrac{3}{s}$,而 $C^* = 2$,从而 $\dfrac{C_A}{C^*} \geqslant \dfrac{3}{2s} > \dfrac{4}{3s}$. 定理证毕.

由引理 3、引理 4 和引理 5 易知下面的定理 4 成立.

定理 4 任何算法解 $Q2\,|\,known\ largest\ job\,|\,C_{\max}$ 问题的竞争比不小于

$$\begin{cases} \dfrac{4}{3s} & 1 \leqslant s < \dfrac{2\sqrt{3}}{3}, \\[2mm] s & \dfrac{2\sqrt{3}}{3} \leqslant s < \sqrt{2}, \\[2mm] \dfrac{2}{s} & \sqrt{2} \leqslant s < \dfrac{1+\sqrt{5}}{2}, \\[2mm] \dfrac{2s}{s+1} & \dfrac{1+\sqrt{5}}{2} \leqslant s < \dfrac{3+\sqrt{17}}{4}, \\[2mm] \dfrac{2s+1}{2s} & s \geqslant \dfrac{3+\sqrt{17}}{4}. \end{cases}$$

为了能够看出 $Q\max2$ 算法的竞争比与最优算法竞争比的差距, 我们给出下面的定理 5.

定理 5 $Q\max2$ 算法的竞争比与最优算法竞争比之差不大于 $\dfrac{1}{4}$.

证明 令 dif 表示两者之差, 下面根据 s 的不同值分情形讨论.

当 $1 \leqslant s < \dfrac{2\sqrt{3}}{3}$ 时, $dif = 2 - \dfrac{2}{s+2} - \dfrac{4}{3s} < \dfrac{1}{2} - \dfrac{\sqrt{3}}{6} < \dfrac{1}{4}$.

当 $\dfrac{2\sqrt{3}}{3} \leqslant s < \sqrt{2}$ 时, $dif = 2 - \dfrac{2}{s+2} - s \leqslant \dfrac{1}{2} - \dfrac{\sqrt{3}}{6} < \dfrac{1}{4}$.

当 $\sqrt{2} \leqslant s < \dfrac{1+\sqrt{5}}{2}$ 时, $dif = 2 - \dfrac{2}{s+2} - \dfrac{2}{s} < 2 - \dfrac{4\sqrt{5}}{5} < \dfrac{1}{4}$.

当 $\dfrac{1+\sqrt{5}}{2} \leqslant s < \dfrac{3+\sqrt{17}}{4}$ 时, $dif = 2 - \dfrac{2}{s+2} - \dfrac{2s}{s+1} = \dfrac{2}{s^2+3s+2} < \dfrac{1}{4}$.

当 $\dfrac{3+\sqrt{17}}{4} \leqslant s \leqslant 2$ 时, $dif = 2 - \dfrac{2}{s+2} - \dfrac{2s+1}{2s} \leqslant 2 - \dfrac{1}{2} - \dfrac{5}{4} = \dfrac{1}{4}$.

当 $s > 2$ 时, $dif = \dfrac{s+1}{s} - \dfrac{2s+1}{2s} = \dfrac{1}{2s} < \dfrac{1}{4}$.

本节给出了 Qmax2 算法及其竞争比,并且指出 Qmax2 算法的竞争比与最优算法竞争比之差不大于 $\dfrac{1}{4}$. 虽然对某些特殊值的 s, Qmax2 算法是最优算法,但对于其他值的 s, Qmax2 算法是否是最优算法我们不得而知,因此寻找最优算法不失为一件有意义的工作.

§3.3 三台同类机问题

本节考虑如下已知工件最大加工时间的三台同类机半在线问题. 三台机器的速度分别为 $s_1 = r$, $s_2 = 1$, $s_3 = s > 1$, $1 \leqslant r \leqslant s$, 目标函数为极小化最大机器负载. 此模型简记为 $Q3 \mid known\ largest\ job \mid C_{max}$. 本节证明任何算法解此问题的竞争比的常数下界为 $\dfrac{3}{2}$, 给出 Qmax3 算法并证明此算法的竞争比不大于 $\dfrac{2(r+s+1)}{2r+s}(1 < s \leqslant 2)$ 和 $\dfrac{2(r+s+1)}{2r+s}(s > 2)$ 且严格小于 2.

利用前面的假设,下面给出 $1 < s \leqslant 2$ 时的 C_{max3} 算法.

C_{max3} 算法

步 1:如果 $M_1 + \dfrac{x}{r} < \dfrac{p_{max}}{s}$,则把当前工件 x 放在机器 M_1 上加工,否则转步 2.

步 2:如果 $M_2 + x < \dfrac{p_{max}}{s}$,则把 x 放在机器 M_2 上加工,否则转

步 3.

步 3：如果 $M_1 + \dfrac{x}{r} \geqslant \dfrac{2p_{\max}}{s}$，$M_2 + x \geqslant \dfrac{2p_{\max}}{s}$，则转步 4. 否则，若 $x \neq p_{\max}$，则在机器 M_1，M_2 上按 LS 算法安排工件 x；若 $x = p_{\max}$，如果 $M_3 + \dfrac{x}{s} < \dfrac{2p_{\max}}{s}$ 则把 x 放在机器 M_3 上加工，如果 $M_3 + \dfrac{x}{s} \geqslant \dfrac{2p_{\max}}{s}$ 转步 4.

步 4：在机器 M_1，M_2，M_3 上按 LS 算法加工，即把工件 x 安排在能使其最早完工的机器上加工.

重复执行以上各步直到不再有新工件到来为止. 在执行算法过程中，如果存在多台机器同时可以安排工件 x，则把它安排在从未安排过工件的机器上加工；若不存在这样的机器则把工件 x 安排在速度最快的机器上加工.

由 $C_{\max 3}$ 算法以及 LS 算法易知下面引理 1、引理 2 成立.

引理 1

1 　不论加工进行到哪一阶段都有

1）$M_i - M_1 \leqslant \dfrac{p_{\max}}{r}(i = 2, 3)$；

2）$M_i - M_2 \leqslant p_{\max}(i = 1, 3)$ 成立.

2 　当 $M_3 \geqslant \dfrac{p_{\max}}{s}$ 时，不等式 $M_i - M_3 \leqslant \dfrac{p_{\max}}{s}(i = 1, 2)$ 成立.

引理 2 　若 x 是按 $C_{\max 3}$ 算法步 4 安排在机器 M_3 上加工的工件，则

$$x + rM_1 \geqslant \frac{2rp_{\max}}{s}, \quad x + M_2 \geqslant \frac{2p_{\max}}{s}.$$

引理 3 　设最后一个工件 p_n 到来前各机器 $M_i(i = 1, 2, 3)$ 的负载分别为 M_1，M_2，M_3.

1）如果 $M_3 \geqslant \dfrac{p_{\max}}{s}$，则 $\dfrac{(r+s+1)\max\{M_1, M_2\}}{rM_1 + M_2 + sM_3 + p_n} < \dfrac{2(r+s+1)}{2r+s}$；

2) 如果 $M_3 > \dfrac{p_{\max}}{s}$，则 $\dfrac{(r+s+1)M_3}{rM_1+M_2+sM_3+p_n} < \dfrac{2(r+s+1)}{2r+s}$.

证明 1) 根据引理 1 和引理 3 的已知条件，可得

$$s(M_1 - M_3) \leqslant s \times \frac{p_{\max}}{s} = p_{\max} \leqslant sM_3.$$

因此

$$(2r+s)M_1 < 2(rM_1+M_2+sM_3+p_n),$$

从而

$$\frac{(r+s+1)M_1}{rM_1+M_2+sM_3+p_n} < \frac{2(r+s+1)}{2r+s}.$$

又因为

$$2r(M_2 - M_1) \leqslant 2r \times \frac{p_{\max}}{r} = 2p_{\max} \leqslant 2sM_3,$$

故

$$(2r+s)M_2 < 2(rM_1+M_2+sM_3+p_n),$$

从而

$$\frac{(r+s+1)M_2}{rM_1+M_2+sM_3+p_n} < \frac{2(r+s+1)}{2r+s}.$$

2) 易知此时在机器 M_3 上至少有两个工件. 不失一般性，设安排在机器 M_3 上的头两个工件按其加工时间大小排列为 $x, y (x \leqslant y \leqslant p_{\max})$. 下面分两种情形来证明：

情形 1 $\dfrac{p_{\max}}{s} < M_3 < \dfrac{2p_{\max}}{s}$.

显然 $x < p_{\max}$，且工件 x 安排在机器 M_3 上加工是执行算法步 4 的结果，因此由引理 2 知

$$x + rM_1 \geqslant \frac{2rp_{\max}}{s}, \quad x + M_2 \geqslant \frac{2p_{\max}}{s}.$$

由 $y \geqslant x$ 进一步可得

$$y + rM_1 \geqslant \frac{2rp_{\max}}{s}, y + M_2 \geqslant \frac{2p_{\max}}{s}.$$

因为工件 x 和 y 都是安排在机器 M_3 上加工，故 $sM_3 \geqslant x+y$，从而

$$rM_1 + M_2 + sM_3 \geqslant rM_1 + M_2 + x + y \geqslant \frac{2rp_{\max}}{s} + \frac{2p_{\max}}{s}.$$

易知

$$(2r+s)M_3 < (2r+s) \times \frac{2p_{\max}}{s} \leqslant \frac{2p_{\max}(2r+2)}{s},$$

因此

$$(2r+s)M_3 < 2(rM_1 + M_2 + sM_3 + p_n),$$

故

$$\frac{(r+s+1)M_3}{sM_1 + M_2 + sM_3 + p_n} < \frac{2(r+s+1)}{2r+s}.$$

情形 2 $M_3 \geqslant \frac{2p_{\max}}{s}.$

根据引理 1 可得

$$2r(M_3 - M_1) \leqslant 2r \times \frac{p_{\max}}{r} = 2p_{\max} \leqslant sM_3,$$

从而

$$(2r+s)M_3 < 2(rM_1 + M_2 + sM_3 + p_n),$$

因此

$$\frac{(r+s+1)M_3}{rM_1 + M_2 + sM_3 + p_n} < \frac{2(r+s+1)}{2r+s}.$$

定理 1 $C_{\max 3}$ 算法解 $Q3 \mid known\ largest\ job \mid C_{\max}(1 < s \leqslant 2)$ 问题的竞争比不大于 $\dfrac{2(r+s+1)}{2r+s}$ 且严格小于 2.

证明 为方便起见,不妨设 p_n 是最后一个到达的工件,三台机器在 p_n 被安排之前的负载分别用 M_1,M_2,M_3 来表示. 我们分三种情形考虑:

情形 1 $M_3 < \dfrac{p_{\max}}{s}$.

此时 $p_n = p_{\max}$,工件 p_n 应该安排在机器 M_3 上加工. 且易知 $M_1 < \dfrac{2p_{\max}}{s}$,$M_2 < \dfrac{2p_{\max}}{s}$,$C_{C_{\max 3}}(J) = \max\left\{M_1,M_2,M_3 + \dfrac{p_{\max}}{s}\right\}$,

$C^*(J) \geqslant \dfrac{rM_1 + M_2 + sM_3 + p_n}{1 + r + s}$.

1) 如果 $C_{C_{\max 3}}(J) = M_1$,则由

$$sM_1 - sM_2 = s(M_1 - M_2) \leqslant sp_{\max} \leqslant 2s\left(M_3 + \dfrac{p_{\max}}{s}\right)$$

可得

$$2rM_1 + sM_1 \leqslant 2rM_1 + 2M_2 + 2s\left(M_3 + \dfrac{p_{\max}}{s}\right),$$

从而

$$\dfrac{C_{C_{\max 3}}(J)}{C^*(J)} \leqslant \dfrac{(1 + r + s)M_1}{rM_1 + M_2 + sM_3 + p_n} \leqslant \dfrac{2(r+s+1)}{2r+s};$$

2) 如果 $C_{C_{\max 3}}(J) = M_2$,则由

$$2r(M_2 - M_1) \leqslant 2r \times \dfrac{p_{\max}}{r} = 2p_{\max} \leqslant 2s\left(M_3 + \dfrac{p_{\max}}{s}\right)$$

可得

$$2rM_2 + sM_2 \leqslant 2rM_1 + 2M_2 + 2s\left(M_3 + \frac{p_{\max}}{s}\right),$$

从而

$$\frac{C_{C_{\max3}}(J)}{C^*(J)} \leqslant \frac{(1+r+s)M_2}{rM_1 + M_2 + sM_3 + p_n} \leqslant \frac{2(r+s+1)}{2r+s};$$

3) 如果 $C_{C_{\max3}}(J) = M_3 + \frac{p_{\max}}{s}$.

若 $M_3 = 0$，则 $M_1 \leqslant \frac{p_{\max}}{s}, M_2 \leqslant \frac{p_{\max}}{s}$，从而算法最优.

若 $M_3 > 0$，则 $M_2 > 0$，从而由引理 2 知 $sM_3 + M_2 \geqslant \frac{2p_{\max}}{s} \geqslant p_{\max}$. 因为

$$2r\left(M_3 + \frac{p_{\max}}{s} - M_1\right) \leqslant 2r \times \frac{p_{\max}}{r} = 2p_{\max} \leqslant M_2 + sM_3 + p_{\max},$$

所以

$$(2r+s)\left(M_3 + \frac{p_{\max}}{s}\right) < 2rM_1 + 2M_2 + 2s\left(M_3 + \frac{p_{\max}}{s}\right).$$

从而

$$\frac{C_{C_{\max3}}(J)}{C^*(J)} \leqslant \frac{(1+r+s)\left(M_3 + \frac{p_{\max}}{s}\right)}{rM_1 + M_2 + sM_3 + p_n} < \frac{2(r+s+1)}{2r+s}.$$

注意到 $\frac{C_{C_{\max3}}(J)}{C^*(J)} \leqslant \frac{2(r+s+1)}{2r+s}$ 且当 $r = 1$ 时 $\frac{2(r+s+1)}{2r+s} = 2$.
但我们可以证明即使是 $r = 1$，$C_{\max3}$ 算法的竞争比还是小于 2. 这是
因为此时 $M_1, M_2, M_3 + \frac{p_{\max}}{s}$ 都小于 $\frac{2p_{\max}}{s}$，而 $C^*(J) \geqslant \frac{p_{\max}}{s}$，从而

$$\frac{C_{C_{\max 3}}(J)}{C^*(J)} < 2.$$

情形 2 $M_3 = \dfrac{p_{\max}}{s}$.

易知 $M_i < \dfrac{2p_{\max}}{s}(i = 1, 2)$. 如果工件 p_n 不被安排在机器 M_3 上,此时相当于情形 1 中 $M_3 = 0$ 的情形,因此仅需证明 p_n 安排在机器 M_3 上加工时结论成立即可. 此时不管工件 p_n 是不是最大工件都是执行算法步 4 的结果,因此

$$M_1 + \frac{p_n}{r} \geqslant M_3 + \frac{p_n}{s},\ M_2 + p_n \geqslant M_3 + \frac{p_n}{s},$$

故

$$
\begin{aligned}
(2r+s)\left(M_3 + \frac{p_n}{s}\right) &\leqslant 2r\left(M_1 + \frac{p_n}{r}\right) + s(M_2 + p_n)\\
&\leqslant 2(rM_1 + p_n) + 2(M_2 + p_n)\\
&= 2(rM_1 + M_2 + p_n + p_n)\\
&\leqslant 2(rM_1 + M_2 + sM_3 + p_n).
\end{aligned}
$$

从而

$$\frac{(r+s+1)\left(M_3 + \dfrac{p_n}{s}\right)}{rM_1 + M_2 + sM_3 + p_n} \leqslant \frac{2(r+s+1)}{2r+s}.$$

结合引理 3 可得

$$\frac{C_{C_{\max 3}}(J)}{C^*(J)} \leqslant \frac{(r+s+1)\max\{M_1,\,M_2,\,M_3 + \dfrac{p_n}{s}\}}{rM_1 + M_2 + sM_3 + p_n} \leqslant \frac{2(r+s+1)}{2r+s}.$$

注意到 $\dfrac{C_{C_{\max 3}}(J)}{C^*(J)} \leqslant \dfrac{2(r+s+1)}{2r+s}$ 且当 $r=1$ 时 $\dfrac{2(r+s+1)}{2r+s}=2$.

下面证明当 $r=1$ 时 $\dfrac{C_{C_{\max 3}}(J)}{C^*(J)} < 2$, 只需证明当 p_n 安排在机器 M_3 上加工时结论成立即可. 设 x(其加工时间也用 x 表示)是工件 p_n 安排前已安排在机器 M_3 上且加工时间为最小的工件.

若 $x < \dfrac{p_{\max}}{s}$, 则由 $C_{\max 3}$ 算法知 $M_1 > \dfrac{p_{\max}}{s}$, $M_2 > \dfrac{p_{\max}}{s}$. 由 $\dfrac{p_{\max}}{s} < M_3 + \dfrac{p_n}{s} \leqslant \dfrac{2p_{\max}}{s}$ 知 $C^*(J) > \dfrac{p_{\max}}{s}$, $C_{C_{\max 3}}(J) \leqslant \dfrac{2p_{\max}}{s}$. 从而 $\dfrac{C_{C_{\max 3}}(J)}{C^*(J)} < 2$.

若 $x = \dfrac{p_{\max}}{s}$, 由于 $\dfrac{x}{s} < \dfrac{p_{\max}}{s}$, 故机器 M_3 上至少已经安排两个工件. 又因为 $\dfrac{3p_{\max}}{s^2} > \dfrac{p_{\max}}{s}$, 因此机器 M_3 上有且只有两个工件. 又易知 $p_n = p_{\max}$, $M_1 > 0$, $M_2 > 0$. 从而 $C^*(J) > \dfrac{p_{\max}}{s}$, 故 $\dfrac{C_{C_{\max 3}}(J)}{C^*(J)} < 2$.

若 $x > \dfrac{p_{\max}}{s}$, 此时易知机器 M_3 上有且只有一个工件, 因而是最大工件. 这是因为若机器 M_3 上已经安排有两个以上的工件, 则 $M_3 > \dfrac{2p_{\max}}{s^2} \geqslant \dfrac{p_{\max}}{s}$, 这与 $M_3 = \dfrac{p_{\max}}{s}$ 矛盾. 此时:

如果 $p_n \leqslant \dfrac{p_{\max}}{s}$, 则 $M_1 \geqslant \dfrac{p_{\max}}{s}$, $M_2 \geqslant \dfrac{p_{\max}}{s}$. 从而 $C^*(J) > \dfrac{p_{\max}}{s}$, 故 $\dfrac{C_{C_{\max 3}}(J)}{C^*(J)} < 2$.

如果 $p_n > \dfrac{p_{\max}}{s}$, 易知此时 $M_1 > 0$, $M_2 > 0$. 由 $M_1 + \dfrac{M_2}{r} \geqslant \dfrac{p_{\max}}{s}$ (否则, 由 $C_{\max 3}$ 算法知已安排在机器 M_2 上加工的工件都应该安排在

机器 M_1 上加工),可得 $C^*(J) > \dfrac{p_{\max}}{s}$,$\dfrac{C_{C_{\max 3}}(J)}{C^*(J)} < 2$.

情形 3　$M_3 > \dfrac{p_{\max}}{s}$.

3.1　p_n 被安排在机器 M_1 上加工. 由 $M_1 + \dfrac{p_n}{r} \leqslant M_2 + p_n$ 及 $s \leqslant 2$ 得

$$(2r + s)\left(M_1 + \frac{p_n}{r}\right) \leqslant 2r\left(M_1 + \frac{p_n}{r}\right) + 2(M_2 + p_n)$$

$$< 2(rM_1 + M_2 + sM_3 + p_n),$$

结合引理 3 可得

$$\frac{C_{C_{\max 3}}(J)}{C^*(J)} \leqslant \frac{(r + s + 1)\max\left\{M_1 + \dfrac{p_n}{r}, M_2, M_3\right\}}{rM_1 + M_2 + sM_3 + p_n} < \frac{2(r + s + 1)}{2r + s}.$$

3.2　p_n 被安排在机器 M_2 上加工

由 $M_2 + p_n \leqslant M_1 + \dfrac{p_n}{r}$ 及 $s \leqslant 2$ 得

$$(2r + s)(M_2 + p_n) \leqslant 2r\left(M_1 + \frac{p_n}{r}\right) + 2(M_2 + p_n)$$

$$< 2(rM_1 + M_2 + sM_3 + p_n),$$

结合引理 3 可得

$$\frac{C_{C_{\max 3}}(J)}{C^*(J)} \leqslant \frac{(r + s + 1)\max\{M_1, M_2 + p_n, M_3\}}{rM_1 + M_2 + sM_3 + p_n} < \frac{2(r + s + 1)}{2r + s}.$$

3.3　p_n 被安排在机器 M_3 上加工. 由

$$M_3 + \frac{p_n}{s} \leqslant M_1 + \frac{p_n}{r}, \ M_3 + \frac{p_n}{s} \leqslant M_2 + p_n$$

及 $s \leqslant 2$ 得

$$(2r+s)\left(M_3+\frac{p_n}{s}\right) \leqslant 2r\left(M_1+\frac{p_n}{r}\right)+2(M_2+p_n)$$

$$< 2(rM_1+M_2+sM_3+p_n),$$

结合引理 3 可得

$$\frac{C_{C_{\max 3}}(J)}{C^*(J)} \leqslant \frac{(r+s+1)\max\{M_1, M_2, M_3+\frac{p_n}{s}\}}{rM_1+M_2+sM_3+p_n} < \frac{2(r+s+1)}{2r+s},$$

至此，定理 1 获证.

下面给出 Qmax3 算法，此算法适合于任意的 $s>1$.

Qmax3 算法：

步 0：如果 $1<s \leqslant 2$，则转步 1. 如果 $s>2$，则转步 2.

步 1：根据 $C_{\max 3}$ 算法加工所有工件.

步 2：根据 LS 算法加工所有工件.

定理 2 Qmax3 算法解 $Q3 \mid known\ largest\ job \mid C_{\max}$ 问题的竞争比不大于 $\frac{2(r+s+1)}{2r+s}(1<s \leqslant 2)$ 和 $\frac{r+2s+1}{r+s}(s>2)$ 且严格小于 2.

证明 若 $1<s \leqslant 2$ 则结果已证，因此我们只需考虑 $s>2$ 的情形. 不妨假设 Qmax3 算法结束时机器 M_i 的负载分别是 $M_i(i=1, 2, 3)$，下面分三种情形来讨论：

情形 1 如果机器 M_2 的负载是最大的.

不妨设工件 y 是安排在机器 M_2 上的最后一个工件，$M_i^y(i=1, 2, 3)$ 表示工件 y 未安排前机器 M_i 的负载. 显然

$$M_1^y+\frac{y}{r} \geqslant M_2, \quad M_3^y+\frac{y}{s} \geqslant M_2.$$

又因为 $M_1 \geqslant M_1^y$，$M_3 \geqslant M_3^y$，故 $M_1 \geqslant M_2-\frac{y}{r}$，$M_3 \geqslant M_2-\frac{y}{s}$.

结合 $M_2 \geqslant y$ 便有

$$\frac{(r+s+1)M_2}{rM_1+M_2+sM_3} \leqslant \frac{(r+s+1)M_2}{(r+s+1)M_2-2y}$$

$$\leqslant \frac{(r+s+1)y}{(r+s+1)y-2y}$$

$$= \frac{r+s+1}{r+s-1} < \frac{r+2s+1}{r+s}.$$

因此

$$\frac{C_{LS(J)}}{C^*(J)} \leqslant \frac{(r+s+1)\max\{M_1,\,M_2,\,M_3\}}{rM_1+M_2+sM_3}$$

$$= \frac{(r+s+1)M_2}{rM_1+M_2+sM_3} < \frac{r+2s+1}{r+s}.$$

情形 2 如果机器 M_1 的负载是最大的.

(1) 若 $M_1 < \dfrac{(r+2s+1)p_{\max}}{(r+s)s}$, 显然 $R_{LS} < \dfrac{r+2s+1}{r+s}$.

(2) 若 $M_1 \geqslant \dfrac{(r+2s+1)p_{\max}}{(r+s)s}$, 此时易知 $M_3 \geqslant M_1 - \dfrac{p_{\max}}{s}$. 因此

$$\frac{(r+s+1)M_1}{rM_1+M_2+sM_3} \leqslant \frac{(r+s+1)M_1}{rM_1+s\left(M_1-\dfrac{p_{\max}}{s}\right)}$$

$$= \frac{(r+s+1)M_1}{(r+s)M_1-p_{\max}}$$

$$\leqslant \frac{(r+s+1)\dfrac{(r+2s+1)p_{\max}}{(r+s)s}}{(r+s)\dfrac{(r+2s+1)p_{\max}}{(r+s)s}-p_{\max}}$$

$$= \frac{r+2s+1}{r+s}.$$

故

$$\frac{C_{LS(J)}}{C^*(J)} \leqslant \frac{(r+s+1)\max\{M_1,\ M_2,\ M_3\}}{rM_1+M_2+sM_3}$$

$$= \frac{(r+s+1)M_1}{rM_1+M_2+sM_3} \leqslant \frac{r+2s+1}{r+s}.$$

注意到当 $r=1$ 时机器 M_1 与 机器 M_2 的作用是等价的. 由情形 1 知道此时 $\dfrac{C_{LS(J)}}{C^*(J)} < \dfrac{r+s+1}{r+s-1} \leqslant 2$.

情形 3　如果机器 M_3 的负载是最大的，与情形 2 类似可得

$$\frac{C_{LS(J)}}{C^*(J)} \leqslant \frac{(r+s+1)\max\{M_1,\ M_2,\ M_3\}}{rM_1+M_2+sM_3}$$

$$= \frac{(r+s+1)M_3}{rM_1+M_2+sM_3} \leqslant \frac{r+2s+1}{r+s}.$$

注意到当 $r=1$ 时，

$$\frac{C_{LS(J)}}{C^*(J)} \leqslant \frac{(s+2)\max\{M_1,\ M_2,\ M_3\}}{M_1+M_2+sM_3}$$

$$= \frac{(s+2)M_3}{M_1+M_2+sM_3} \leqslant \frac{2+s}{s} < 2.$$

结合定理 1，知定理 2 成立.

由于当 $r=1$ 时 Qmax3 算法的竞争比严格小于 2，但当 $r=1$ 时 $\dfrac{2(r+s+1)}{2r+s} = \dfrac{r+2s+1}{r+s} = 2$，因此 Qmax3 算法是不紧的，这表明在某些情况下用 Qmax3 算法求解所得到得竞争比要比定理 2 表达式给出的竞争比小.

由于当 $s_i=1(i=1,2)$, $s_3=s>1$ 时,LS算法是解 $Q3||C_{max}$ 问题的最优算法,其竞争比为 2. 比较自然地会想到 LS 算法解 $Q3|known\ largest\ job|C_{max}$ 问题的竞争比会不会有所改进?下面的定理回答了这个问题.

定理 3 LS算法解 $Q3|known\ largest\ job|C_{max}$ 问题的竞争比为 2.

证明 只需找出一个实例说明LS算法解此实例的竞争比为 2 即可. 不妨假设机器的速度分别为 $s_1=1+\varepsilon$, $s_2=1$, $s_3=s=2+3\varepsilon$ ($\varepsilon>0$),最大工件的加工时间为 2. 考虑工件集 $\{p_1=1,\ p_2=1,\ p_3=2\}$. 显然按 LS 算法此三个工件都应该放在机器 M_3 上加工. 此时 $C_{LS}=\dfrac{4}{2+3\varepsilon}$, $C^*=1$ 从而 $R_{LS}=2(\varepsilon\to0)$.

定理 3 表明即使是已知工件的最大加工时间,LS算法的竞争比也不会改进,而由定理 2 知 $Qmax3$ 算法的竞争比却严格小于 2,由此可知 $Qmax3$ 算法比 LS算法优越. 这是因为 $Qmax3$ 算法是在速度最快的机器上预先留有一段空间 $\left(\dfrac{2p_{max}}{s}\right)$ 放最大工件,但预留空间的时间不会太久. 如果最大工件迟迟不到而当前工件安排在前两台机器上又会使得它们的负载大于或等于 $\dfrac{2p_{max}}{s}$,此时不再等待而是按 LS 算法把当前工件安排在能够使其最早完工的机器上加工. 这样就使得各台机器的负载相差不会太大,避免了当安排完最后到来的最大工件时机器的负载相差较大这种情形. 因此若最大工件来得比较晚则 $Qmax3$ 算法比 LS算法更优越. 可以用定理 3 中的例子作说明,如果按 $Qmax3$ 算法安排工件则对于定理 3 中的实例 $Qmax3$ 算法是最优算法. 如果最大工件是第一个到来则 $Qmax3$ 算法比 LS算法的优越性就没有最大工件来得比较晚这样明显,如果定理 3 中的工件集为 $\{p_1=2,\ p_2=1,\ p_3=1\}$ 则两算法都是最优的. $Qmax3$ 算法的竞争比的优越性还表现在其是参数形式且含有两个变量,一般竞争比参数形式都是一个变量很少有含两个参数的竞争比. 根据 $Qmax3$ 算法竞争比的表达形式我们可以求出不同的机器速度所对应的竞争比.
为了更好地比较 Qmax3 算法的竞争比我们给出定理 4.

定理 4　任何算法解 $Q3 \mid known\ largest\ job \mid C_{\max}$ 问题的竞争比
大于或等于 $\frac{3}{2}$.

证明　不妨假设机器的速度分别为 $s_1 = 1 + \varepsilon$, $s_2 = 1$, $s_3 = s = 2 (\varepsilon > 0)$, 最大工件的加工时间为 2. 考虑前三个工件 $p_1 = 1$, $p_2 = 1$, $p_3 = 2$. 若算法 A 把其中两个工件安排在同一台机器上, 则
$C_A \geqslant \frac{3}{2}$, 而 $C^* = 1$, 从而 $R_A \geqslant \frac{3}{2}$. 故不妨假设三个工件分别安排在
不同的机器上, 且易知最大工件应该安排在机器 M_3 上. 此时最后两
个最大工件到来, 不论如何安排这两个工件, $C_A \geqslant 3$, 而 $C^* = 2$, 从而
$R_A \geqslant \frac{3}{2}$.

由于问题本身所具有的复杂性, 定理 4 仅给出了任何算法解 $Q3$
$\mid known\ largest\ job \mid C_{\max}$ 问题竞争比的常数下界为 $\frac{3}{2}$ 而非参数形式的
竞争比下界, 因此给出一个较好的参数竞争比下界是一个值得进一
步研究的问题. 另外我们这里考虑的问题仅仅是当 $m = 3$ 时的情形,
是否可以把结果推广到更一般的 $m \geqslant 4$ 情形呢? 这也是一个值得深
入研究的课题.

§3.4　三台特殊同类机问题

上一节我们考虑过一般情形下的三台同类机问题, 给出了
Qmax3 算法并证明其解 $Q3 \mid known\ largest\ job \mid C_{\max}$ 问题的竞争比
不大于 $\frac{2(r+s+1)}{2r+s}(1 < s \leqslant 2)$ 和 $\frac{r+2s+1}{r+s}(s > 2)$. 虽然我们已经
证明 $r = 1$ 且 s 为有限数时 Qmax3 算法的竞争比恒小于 2, 但当 $r = 1$,

$s \to \infty$ 时 $\dfrac{C_{C_{\max 3}}(J)}{C^*(J)} \to 2$. 即当 s 取无限值时竞争比并未减少,因此有必要寻找某个算法使得当 $r=1$, $s\to\infty$ 时其竞争比严格小于 2. 本节就考虑这样的一个问题,即考虑三台特殊同类机问题. 我们假设三台同类机分别为 M_1, M_2, M_3,它们的速度为 $s_1=s_2=1$, $s_3=s\geqslant 1$,此模型也可简记为 $Q3 \mid known\ largest\ job \mid C_{\max}$. 我们给出 $Q\max 3t$ 算法并证明其竞争比不大于 $\dfrac{s+2}{2}(1\leqslant s\leqslant 2)$ 和 $\dfrac{s+2}{s}(s>2)$ 且恒小于 2,同时给出该问题竞争比的一个下界.

设 x 是当前需要安排的工件,M_1, M_2, M_3 分别表示工件 x 安排前各机器的负载,下面给出 $1\leqslant s\leqslant 2$ 时的 $C_{\max 3s}$ 算法.

$C_{\max 3s}$算法:

步 1:如果 $M_1+x<\dfrac{p_{\max}}{s}$,则把当前工件 x 放在机器 M_1 上加工,否则转步 2.

步 2:如果 $M_2+x<\dfrac{p_{\max}}{s}$,则把 x 放在机器 M_2 上加工,否则转步 3.

步 3:如果 $M_1+x\geqslant\dfrac{2p_{\max}}{s}$,$M_2+x\geqslant\dfrac{2p_{\max}}{s}$,则转步 4. 否则,若 $x\neq p_{\max}$,则在机器 M_1, M_2 上按 LS 算法安排工件 x;若 $x=p_{\max}$,如果 $M_3+\dfrac{x}{s}<\dfrac{2p_{\max}}{s}$,则把当前工件 x 安排在机器 M_3 上加工,否则转步 4.

步 4:在机器 M_1, M_2, M_3 上按 LS 算法加工.

重复执行以上各步直到不再有新工件到来为止. 在执行算法过程中,如果同时存在多台机器可以安排工件 x,则把它安排在从未安排过工件的机器上加工,若不存在这样的机器则把工件 x 安排在速度最快的机器上加工,如果机器的速度相同则任选一台机器.

定理 1 $C_{\max 3s}$ 算法解 $Q3 \mid known\ largest\ job \mid C_{\max}$ 问题的竞争比为 $\dfrac{s+2}{2}(1 \leqslant s \leqslant 2)$ 且严格小于 2.

证明 设 p_n 是最后一个到达的工件,三台机器在 p_n 被安排之前的负载分别为 M_1, M_2, M_3. 不失一般性我们假设 $M_1 \geqslant M_2$,考虑以下三种情形:

情形 1 $M_3 < \dfrac{p_{\max}}{s}$.

此时显然 $p_n = p_{\max}$,$M_1 < \dfrac{2p_{\max}}{s}$ 且工件 p_n 应该安排在机器 M_3 上加工. 易知 $C_{C_{\max 3s}} = M_1$ 或者 $C_{C_{\max 3s}} = M_3 + \dfrac{p_n}{s}$.

1 $M_1 \geqslant M_3 + \dfrac{p_n}{s}$.

由 $M_1 \leqslant M_2 + p_{\max} \leqslant M_2 + sM_3 + p_n$,可得

$$\frac{C_{C_{\max 3s}}(J)}{C^*(J)} \leqslant \frac{(s+2)M_1}{M_1 + M_2 + sM_3 + p_n} \leqslant \frac{s+2}{2}.$$

注意到当 $s = 2$ 时 $\dfrac{s+2}{2}$ 的值为 2,但显然当 $s = 2$ 时 $C_{\max 3s}$ 算法的竞争比小于 2. 这是因为此时三台机器的负载都小于 $\dfrac{2p_{\max}}{s}$,而 $C^* \geqslant \dfrac{p_{\max}}{s}$,故 $\dfrac{C_{C_{\max 3s}}(J)}{C^*(J)} < 2$.

2 $M_1 < M_3 + \dfrac{p_n}{s}$.

如果 $M_3 = 0$,显然 $C_{\max 3s}$ 算法是最优的. 如果 $M_3 > 0$,则 $M_1 + M_2 + sM_3 \geqslant \dfrac{4p_{\max}}{s} - sM_3$. 因此

$$\frac{C_{C_{\max 3s}}(J)}{C^*(J)} \leqslant \frac{(s+2)\left(M_3 + \dfrac{p_n}{s}\right)}{M_1 + M_2 + sM_3 + p_n} < \frac{s+2}{2}.$$

情形 2 $M_3 = \dfrac{p_{\max}}{s}$.

此时显然有 $M_i < \dfrac{2p_{\max}}{s}(i=1,2)$. 如果工件 p_n 不是安排在机器 M_3 上加工, 则对应于情形 1 的 $M_3 = 0$. 如果工件 p_n 被安排在机器 M_3 上加工, 易知它是执行 $C_{\max 3s}$ 算法步 4 的结果. 因此有 $M_2 + p_n \geqslant \dfrac{2p_{\max}}{s}$, 从而 $M_1 + M_2 + sM_3 + p_n \geqslant \dfrac{4p_{\max}}{s}$. 由 $M_1 + M_2 + sM_3 + p_n \geqslant \dfrac{4p_{\max}}{s} \geqslant 2\max\left\{M_1, M_3 + \dfrac{p_n}{s}\right\}$, 知 $\dfrac{C_{C_{\max 3s}}(J)}{C^*(J)} \leqslant \dfrac{s+2}{2}$. 下面证明当 $s = 2$ 时 $\dfrac{C_{C_{\max 3s}}(J)}{C^*(J)} < 2$. 若 $p_n \neq p_{\max}$, 则由 $\max\left\{M_1, M_2, M_3 + \dfrac{p_n}{s}\right\} < p_{\max}$ 知 $\dfrac{C_{C_{\max 3s}}(J)}{C^*(J)} < 2$. 若 $p_n = p_{\max}$, 则由 $M_1 + M_2 > \dfrac{p_{\max}}{s} = \dfrac{p_{\max}}{2}$ 知 $C^*(J) > \dfrac{p_{\max}}{2}$, 从而 $\dfrac{C_{C_{\max 3s}}(J)}{C^*(J)} < 2$.

情形 3 $M_3 > \dfrac{p_{\max}}{s}$.

此时显然在机器 M_3 上至少安排有两个工件, 假设其中的两个工件为 x, y 且按其加工时间大小排列为 $x \leqslant y \leqslant p_{\max}$. 不妨设工件 x 安排在机器 M_3 上是执行 $C_{\max 3s}$ 算法步 4 的结果(如果 $x < p_{\max}$, 结论显然成立; 若 $x = p_{\max}$, 则 $y = p_{\max}$. 从而 x, y 中至少有一个工件安排在机器 M_3 上是执行 $C_{\max 3s}$ 算法步 4 的结果. 由于此时 $x = y$, 故可认为工件 x 安排在机器 M_3 上是执行 $C_{\max 3s}$ 算法步 4 的结果), 因此

$$M_1 + x \geqslant \frac{2p_{\max}}{s}, M_2 + x \geqslant \frac{2p_{\max}}{s}.$$

由 $y \geqslant x$ 可得

$$y + M_1 \geqslant \frac{2p_{\max}}{s}, y + M_2 \geqslant \frac{2p_{\max}}{s}.$$

因此

$$M_1 + M_2 + sM_3 \geqslant M_1 + M_2 + x + y \geqslant \frac{4p_{\max}}{s}.$$

如果 $M_3 \leqslant \dfrac{2p_{\max}}{s}$，则 $2M_3 \leqslant M_1 + M_2 + sM_3$. 如果 $M_3 > \dfrac{2p_{\max}}{s}$，则

由 $M_3 - M_i \leqslant p_{\max}(i = 1, 2)$，可得 $2M_3 < M_1 + M_2 + sM_3$. 因此

$$\frac{(2+s)M_3}{M_1 + M_2 + sM_3 + p_n} < \frac{s+2}{2}.$$

1 p_n 被安排在机器 M_2 上加工.

1) $M_1 \geqslant M_2 + p_n$, $M_1 \geqslant M_3$. 由 $M_1 - M_2 \leqslant p_{\max}$，可得

$$\frac{C_{C_{\max 3s}}(J)}{C^*(J)} \leqslant \frac{(s+2)M_1}{M_1 + M_2 + sM_3 + p_n} < \frac{s+2}{2}.$$

2) $M_2 + p_n > M_1$, $M_2 + p_n \geqslant M_3$. 由 $M_1 \geqslant M_2$, $M_3 > \dfrac{p_{\max}}{s}$，可得

$$\frac{C_{C_{\max 3s}}(J)}{C^*(J)} \leqslant \frac{(s+2)(M_2 + p_n)}{M_1 + M_2 + sM_3 + p_n} < \frac{s+2}{2}.$$

3) $M_3 > M_2 + p_n$, $M_3 \geqslant M_1$. 显然结论成立.

2 p_n 被安排在机器 M_3 上加工. 注意到此时机器 M_3 上的负载

为 $M_3 + \dfrac{p_n}{s}$，可得

$$\frac{(2+s)\left(M_3+\dfrac{p_n}{s}\right)}{M_1+M_2+sM_3+p_n}<\frac{s+2}{2}.$$

如果 $M_3+\dfrac{p_n}{s}\geqslant M_1$，则结论成立. 如果 $M_3+\dfrac{p_n}{s}<M_1$，则由 $M_1-M_2\leqslant p_{\max}$，得到

$$\frac{C_{C_{\max 3s}}(J)}{C^*(J)}\leqslant\frac{(s+2)M_1}{M_1+M_2+sM_3+p_n}<\frac{s+2}{2}.$$

定理证毕.

下面的 Qmax3t 算法适合于任意的 $s\geqslant 1$.

Qmax3t 算法：

步 0：如果 $1\leqslant s\leqslant 2$，则转步 1. 如果 $s>2$，则转步 2.

步 1：根据 $C_{\max 3s}$ 算法加工所有工件.

步 2：根据 LS 算法加工所有工件.

定理 2 Qmax3t 算法解 $Q3\mid known\ largest\ job\mid C_{\max}$ 问题的竞争比不大于 $\dfrac{s+2}{2}(1\leqslant s\leqslant 2)$ 和 $\dfrac{s+2}{s}(s>2)$ 且严格小于 2.

证明 当 $1\leqslant s\leqslant 2$ 时结论已经成立，因此只需证明当 $s>2$ 时结论也成立. 假设当 Qmax3 算法结束时各机器 $M_i(i=1,2,3)$ 的负载分别是 M_i，机器 M_1 上加工的工件按其加工顺序分别为 $x,y,z,\cdots$，这里 $x,y,z,\cdots$ 也表示该工件的加工时间，则 $M_1=x+y+z+\cdots$. 令 M_3^i 表示机器 M_3 在加工工件 i 之前的负载. 因为所有的工件都是根据 LS 算法安排的，因此

$$x\leqslant M_3^x+\frac{x}{s},\ x+y\leqslant M_3^y+\frac{y}{s},\ x+y+z\leqslant M_3^z+\frac{z}{s},\ \cdots$$

故

$$x+y<M_3^y+\frac{x+y}{s},\ x+y+z<M_3^z+\frac{x+y+z}{s},\ \cdots$$

从而

$$M_1 < M_3 + \frac{M_1}{s}$$

即

$$sM_1 < M_1 + M_2 + sM_3$$

因此

$$\frac{(s+2)M_1}{M_1 + M_2 + sM_3} < \frac{s+2}{s}$$

同理有

$$\frac{(s+2)M_2}{M_1 + M_2 + sM_3} < \frac{s+2}{s}$$

显然

$$sM_3 \leqslant M_1 + M_2 + sM_3$$

即

$$\frac{(s+2)M_3}{M_1 + M_2 + sM_3} \leqslant \frac{s+2}{s}$$

因此

$$R_{LS} \leqslant \frac{(s+2)\max\{M_1, M_2, M_3\}}{M_1 + M_2 + sM_3} \leqslant \frac{s+2}{s}$$

结合定理 1, 定理 2 证毕.

下面给出问题竞争比的一个下界.

定理 3 任何算法解 $Q3 \mid known\ largest\ job \mid C_{\max}$ 问题的竞争比

不小于 $\frac{s+1}{2}$ $(1 \leqslant s \leqslant 2)$, $\frac{ks}{(k-1)s+1}\left(k-1 \leqslant s \leqslant \frac{(k-1)s+1}{s}\right)$

和 $\frac{k}{s}\left(\frac{(k-1)s+1}{s} \leqslant s < k\right)$，其中 k 为不小于 3 的正整数.

证明 假设最大工件的加工时间为 s，最初两个工件分别为 $p_1 = 1$，$p_2 = 1$. 考虑以下两种情形：

情形 1 若某算法 A 把它们安排在相同的机器上加工，此时假设第三个工件是最后一个工件且为最大的工件，那么当 $s > \frac{s+2}{s}$ 时，即 $s > 2$ 时，可得 $C_A \geqslant \frac{s+2}{s}$. 因此 $\frac{C_A}{C^*} \geqslant \frac{s+2}{s}$. 当 $\frac{2}{s} < s \leqslant \frac{s+2}{s}$ 时，即 $\sqrt{2} < s \leqslant 2$ 时，可得 $C_A \geqslant s$. 因此 $\frac{C_A}{C^*} \geqslant s$. 当 $1 \leqslant s \leqslant \frac{2}{s}$ 时，即 $1 \leqslant s \leqslant \sqrt{2}$ 时，可得 $C_A \geqslant \frac{2}{s}$. 故 $\frac{C_A}{C^*} \geqslant \frac{2}{s}$.

情形 2 若算法 A 把它们安排在不相同的机器上加工.

1　如果 p_1，p_2 中的某一个工件安排在机器 M_3 加工，则第三个工件（也是最后一个工件）的加工时间为 s. 此时 $C_A \geqslant s\left(s \leqslant \frac{s+1}{s}\right)$ 或者 $C_A \geqslant \frac{s+1}{s}\left(s > \frac{s+1}{s}\right)$. 因此 $\frac{C_A}{C^*} \geqslant s\left(s \leqslant \frac{s+1}{s}\right)$ 或者 $\frac{C_A}{C^*} \geqslant \frac{s+1}{s}\left(s > \frac{s+1}{s}\right)$.

2　如果 p_1，p_2 中没有工件安排在机器 M_3 加工，则当 $1 \leqslant s < 2$ 时假设最后来三个最大工件. 显然 $C_A \geqslant s+1$、$C^* = 2$. 因此 $\frac{C_A}{C^*} \geqslant \frac{s+1}{2}$. 当 $k-1 \leqslant s < k(k \geqslant 3)$ 时，假设最后来 k 个最大的工件. 显然 $C_A \geqslant k$ 且 $C^* = \frac{(k-1)s+1}{s}\left(k-1 \leqslant s < \frac{(k-1)s+1}{s}\right)$ 和 $s\left(\frac{(k-1)s+1}{s} \leqslant s < k\right)$. 因此 $\frac{C_A}{C^*} \geqslant \frac{ks}{(k-1)s+1}(k-1 \leqslant s <$

$\dfrac{(k-1)s+1}{s}$) 和 $\dfrac{C_A}{C^*} \geqslant \dfrac{k}{s}\left(\dfrac{(k-1)s+1}{s} \leqslant s < k\right)$, 证毕.

由于当 $s=2$ 时 Qmax3t 算法的竞争比并未明确给出, 因而当 $1 \leqslant s \leqslant 2$ 时 Qmax3t 算法是不紧的, 但当 $s > 2$ 时可证 LS 算法是紧的.

定理 4 当 $s > 2$ 时, LS 算法是紧的.

证明 考虑以下含有三个工件的实例: $p_1=1$, $p_2=1$, $p_3=s$, 其中 $p_{\max}=s$. 显然 $C^*=1$, 而按 LS 算法此三个工件都应该安排在机器 M_3 上加工, 从而 $C_{LS}=\dfrac{s+2}{s}$, 故 $\dfrac{C_{LS}}{C^*}=\dfrac{s+2}{s}$.

§3.5 m 台同型机问题

本节考虑已知最大工件加工时间的 m $(m \geqslant 3)$ 台平行机半在线问题, 目标为极小化最大工件完工时间. 我们用 $Pm \mid known\ largest\ job \mid C_{\max}$ 来表示. 对此问题当 $m=2$ 时 He 和 Zhang[35] 给出了一个 PLS 算法并且证明了它是一个最优算法, 其竞争比等于 $\dfrac{4}{3}$, 但未考虑 $m \geqslant 3$ 时的情形. 本节给出一个竞争比为 $\dfrac{2m-3}{m-1}$ 的 $C_{\max}$ 算法并证明此算法对任何 $m \geqslant 3$ 是紧的. 我们进一步给出了此问题的一个下界 $\dfrac{4}{3}$ 并且证明 LS 算法解 $Pm \mid known\ largest\ job \mid C_{\max}$ 问题的竞争比仍然是 $2-\dfrac{1}{m}$, 比 LS 算法解 $Pm \mid\mid C_{\max}$ 问题的竞争比并没有减少.

首先我们给出 $Pm \mid known\ largest\ job \mid C_{\max}(m \geqslant 3)$ 问题的一个下界.

定理 1 任何算法解 $Pm \mid known\ largest\ job \mid C_{\max}(m \geqslant 3)$ 问题的竞争比至少是 $\dfrac{4}{3}$.

证明 考虑下面的实例. 假设最初的两个工件分别是 $p_1 = p_2 = 1$, 最大工件的加工时间为 2. 如果某一个算法 A 把它们安排在不同的机器上加工, 此时最后来 $m-1$ 个加工时间为 2 的工件. 显然 $C^* = 2$, $C_A = 3$. 因此 $\dfrac{C_A}{C^*} = \dfrac{3}{2}$. 如果算法 A 把它们安排在相同的机器上加工, 则最后来 m 个加工时间为 2 的工件. 显然 $C^* = 3$、$C_A = 4$. 因此 $\dfrac{C_A}{C^*} = \dfrac{4}{3}$.

接下来给出 $C_{\max}$ 算法.

$C_{\max}$算法:

步 1: 若 $x \neq p_{\max}$, 如果 $\exists i \neq m$ 使得 $M_i < p_{\max}$, 则根据 LS 算法把当前工件安排在前 $m-1$ 台机器上, 否则转步 3.

步 2: 若 $x = p_{\max}$.

步 2.1: 如果 $M_m + x < 2p_{\max}$, 则把当前工件 x 安排在机器 M_m 上加工; 否则转步 2.2.

步 2.2: 如果 $\exists i \neq m$ 使得 $M_i < p_{\max}$, 则根据 LS 算法把当前工件安排在前 $m-1$ 台机器上, 否则转步 3.

步 3: 如果 $M_m \leqslant M_{\min}$ 这里 $M_{\min} = \min\{M_1, M_2, \cdots, M_{m-1}\}$, 则把当前工件 x 安排在机器 M_m 上加工, 否则根据 LS 算法把当前工件安排在前 $m-1$ 台机器上.

重复执行以上各步直到不再有新工件到来为止. 在执行算法过程中, 如果存在多台机器同时可以安排工件 x, 则任选一台机器.

定理 2 $C_{\max}$ 算法解 $Pm \mid known\ largest\ job \mid C_{\max}(m \geqslant 3)$ 问题的竞争比为 $\dfrac{2m-3}{m-1}$.

证明 事实上, 我们只需要证明对任何实例 J, 不等式 $\dfrac{C_{C_{\max}}(J)}{C^*(J)} \leqslant \dfrac{2m-3}{m-1}$ 成立即可. 假设 p_n 是实例 J 的最后一个工件, $C_{\max}$ 算法在安排工件 p_n 前各机器的负载分别为 $M_1, M_2, \cdots, M_m$. 考虑以

下三种情形：

情形 1 $M_m < p_{\max}$.

此时显然 $p_n = p_{\max}$，$M_i < 2p_{\max}$. 据 $C_{\max}$ 算法知工件 p_n 应该安排在机器 M_m 上加工. 考虑以下两种子情形：

Subcase 1 如果 $M_m = 0$，则不妨设 $M_1 = \min\{M_1, M_2, \cdots, M_{m-1}\}$，$M_k = \max\{M_1, M_2, \cdots, M_{m-1}\}$. 若 $M_k \leqslant \dfrac{2m-3}{m-1} p_{\max}$，则由 $C^*(J) \geqslant p_{\max}$ 可知结论成立. 故不妨假设 $M_k > \dfrac{2m-3}{m-1} p_{\max}$. 由于 $M_k < M_1 + p_{\max}$（因为前 $m-1$ 台机器没有安排最大工件，故不等式取严格不等号），因此 $M_1 > M_k - p_{\max} > \dfrac{2m-3}{m-1} p_{\max} - p_{\max} = \dfrac{m-2}{m-1} p_{\max}$. 故

$$\frac{C_{C_{\max}}(J)}{C^*(J)} \leqslant \frac{mM_k}{M_1 + M_2 + \cdots + M_m + p_{\max}}$$

$$< \frac{m(M_1 + p_{\max})}{(m-1)M_1 + 2p_{\max}}$$

$$= \frac{m}{m-1} + \frac{m \times \dfrac{m-3}{m-1} p_{\max}}{(m-1)\left(M_1 + \dfrac{2p_{\max}}{m-1}\right)}$$

$$< \frac{m}{m-1} + \frac{m \times \dfrac{m-3}{m-1} p_{\max}}{(m-1)\left(\dfrac{m-2}{m-1} p_{\max} + \dfrac{2p_{\max}}{m-1}\right)}$$

$$= \frac{2m-3}{m-1}.$$

Subcase 2 如果 $M_m > 0$，则 $p_{\max} \leqslant M_i < 2p_{\max}$ $(i \leqslant m-1)$. 令 $M_k = \max\{M_1, M_2, \cdots, M_{m-1}\}$，那么 $C_{C_{\max}} = M_k$ 或者 $C_{C_{\max}} = M_m + p_n$.

由

$$(m^2 - 3m + 3)M_k < (2m-3)(M_1 + \cdots + \\ M_{k-1} + M_{k+1} + \cdots + M_m + p_n),$$

可得

$$\frac{C_{C_{\max}}(J)}{C^*(J)} \leqslant \frac{mM_k}{M_1 + M_2 + \cdots + M_m + p_{\max}} < \frac{2m-3}{m-1}.$$

由

$$(m+1)(M_m + p_n) < 2(M_1 + M_2 + \cdots + M_m + p_{\max}),$$

可得

$$\frac{C_{C_{\max}}(J)}{C^*(J)} \leqslant \frac{m(M_m + p_{\max})}{M_1 + M_2 + \cdots + M_m + p_{\max}} < \frac{2m}{m+1} \leqslant \frac{2m-3}{m-1}.$$

情形 2 $M_m = p_{\max}$.

Subcase 1 如果安排在机器 M_m 上的工件不止一个，则 $p_n = p_{\max}$ 且 $p_{\max} \leqslant M_i < 2p_{\max} (i \neq m)$. 显然工件 p_n 应该安排在机器 M_m 上且 $C_{C_{\max}} = M_m + p_n = 2P_{\max}$. 因此

$$\frac{C_{C_{\max}}(J)}{C^*(J)} \leqslant \frac{m(M_m + p_{\max})}{M_1 + M_2 + \cdots + M_m + p_{\max}}$$

$$\leqslant \frac{2mp_{\max}}{(m+1)p_{\max}}$$

$$\leqslant \frac{2m-3}{m-1}.$$

Subcase 2 如果安排在机器 M_m 上的工件只有一个，则它一定是 $p_{\max}$. 此时显然 $M_k < 2p_{\max}$.

1 如果工件 p_n 不是安排在机器 M_m 上，此时对应于情形 1 的

$M_m = 0$.

2 如果工件 p_n 是安排在机器 M_m 上，则它一定是执行算法步 3 的结果. 因此有 $p_{\max} \leqslant M_i < 2p_{\max} (1 \leqslant i \leqslant m-1)$. 显然 $C_{C_{\max}} = M_k$ 或者 $C_{C_{\max}} = M_m + p_n$.

1) 如果 $M_k \geqslant M_m + p_n$，则据

$$(m^2 - 3m + 3)M_k < (m^2 - 3m + 3)2p_{\max}$$
$$\leqslant (2m-3)(m-1)p_{\max}$$
$$< (2m-3)(M_1 + \cdots + M_{k-1} +$$
$$M_{k+1} + \cdots + M_m + p_n)$$

可得

$$\frac{C_{C_{\max}}(J)}{C^*(J)} \leqslant \frac{mM_k}{M_1 + M_2 + \cdots + M_m + p_n} < \frac{2m-3}{m-1}.$$

2) 如果 $M_k < M_m + p_n$，则据 $M_m + p_n \leqslant 2p_{\max}$ 可得

$$\frac{C_{C_{\max}}(J)}{C^*(J)} \leqslant \frac{m(M_m + p_n)}{M_1 + M_2 + \cdots + M_m + p_n} \leqslant \frac{2m-3}{m-1}.$$

情形 3 $M_m > p_{\max}$.

此时易知 $M_i \geqslant p_{\max}$ 且 $|M_i - M_j| \leqslant p_{\max} (\forall i, j)$. 不失一般性，我们假设 $M_1 = \max\{M_1, M_2, \cdots, M_m\}$，$M_2 = \min\{M_1, M_2, \cdots, M_m\}$. 显然工件 p_n 应该安排在机器 M_2 上加工（如果 $M_m = M_2$，则据 $C_{\max}$ 算法工件 p_n 应该安排在机器 M_m 上加工，但由于此时机器 M_m 与 M_2 的负载相同故可认为是安排在机器 M_2 上加工），且 $C_{C_{\max}} = M_1$ 或者 $C_{C_{\max}} = M_2 + p_n$.

Subcase 1 $M_1 \geqslant M_2 + p_n$，则

$$(m^2 - 3m + 3)M_1 \leqslant (m^2 - 3m + 3)(M_2 + p_{\max})$$

$$< (2m-3)(M_2 + \cdots + M_m + p_n),$$

因此有

$$\frac{C_{C_{\max}}(J)}{C^*(J)} \leqslant \frac{mM_1}{M_1 + M_2 + \cdots + M_m + p_n} < \frac{2m-3}{m-1}.$$

Subcase 2 $M_1 < M_2 + p_n$，则

$$(m^2 - 3m + 3)(M_2 + p_n) \leqslant (m^2 - 3m + 3)(M_2 + p_{\max})$$
$$< (2m-3)(M_1 + M_3 + \cdots +$$
$$M_m + p_n),$$

因此有

$$\frac{C_{C_{\max}}(J)}{C^*(J)} \leqslant \frac{m(M_2 + p_n)}{M_1 + M_2 + \cdots + M_m + p_n} < \frac{2m-3}{m-1}.$$

在下面的定理 3 中我们证明 $C_{\max}$ 算法是紧的.

定理 3 $C_{\max}$ 算法是紧的.

证明 考虑如下实例. 假设有 $(m-1)(m-2)+2$ 个工件，前面的 $(m-1)(m-2)$ 个工件的加工时间全为 1，后面的两个工件是最大工件它们的加工时间为 $m-1$. 由 $C_{\max}$ 算法前面的 $(m-1)(m-2)$ 应该平均地安排在前 $m-1$ 台机器上加工. 倒数第二个工件应该安排在最后一台机器上加工，倒数第一个工件随便安排在前 $m-1$ 台机器中的某台上加工. 显然 $C_{C_{\max}} = 2m-3$, $C^* = m-1$. 因此 $R_{C_{\max}} = \frac{2m-3}{m-1}$.

有趣的是 LS 算法解 $Pm | known\ largest\ job | C_{\max}$ 问题的竞争比为 $2 - \frac{1}{m}$，等于 LS 算法解 $Pm || C_{\max}$ 问题的竞争比.

定理 4 LS 算法解 $Pm | known\ largest\ job | C_{\max}$ 问题的竞争比为 $2 - \frac{1}{m}$.

证明 考虑下面的实例. 假设有 $m(m-1)+1$ 个工件, 最大工件的加工时间为 m 且 $p_1 = p_2 = \cdots = p_{m(m-1)} = 1$, $p_{m(m-1)+1} = m$. 显然最初的 $m(m-1)$ 工件应该平均地安排在机器 $M_1, M_2, \cdots, M_m$ 上. 不管我们如何安排最后的那个工件 $p_{m(m-1)+1}$ 都有 $C^* = m$, $C_{LS} = 2m-1$. 因此

$$\frac{C_{LS}}{C^*} = 2 - \frac{1}{m}.$$

第四章　已知工件总加工时间的半在线问题

　　已知工件总加工时间的半在线排序问题是由 Kellerer，Kotov，Speranza 和 Tuza[37] 首先提出并研究的. 文[37]给出算法 H_3 并证明此算法是求解 $P2 \mid sum \mid C_{\max}$ 的最优算法其竞争比为 $\frac{4}{3}$. 文[28]证明算法 H_3 是求解 $P2 \mid sum \mid C_{\min}$ 的最优算法其竞争比为 $\frac{3}{2}$. 对于 $Pm \mid sum \mid C_{\max}(m \geqslant 3)$ 的情形，文[32]给出了竞争比为 $2 - \frac{1}{m-1}$ 的近似算法. 对于 $Q2 \mid sum \mid C_{\max}$ 问题，文[59]给出了算法 $Qsum$ 并证明此算法的竞争比为 $\sqrt{2}$，且 $Q2 \mid sum \mid C_{\max}$ 问题竞争比的下界为 $\frac{1+\sqrt{3}}{2}$.

　　本章考虑已知总加工时间的两台同类机半在线问题. 机器的速度分别为 $s_1 = 1, s_2 = s > 1$，工件是一个一个独立地到来，并假设工件的总加工时间是已知的，不妨设为 $T = 1 + s$（工件的总加工时间总可以标准化为 $T = 1 + s$）. 用 $l(M_i)$ 表示机器 M_i 当前的负载，即 $l(M_1) = p(M_1), l(M_2) = \frac{p(M_2)}{s}$，$p(M_i)$ 是当前在机器 M_i 上加工的工件的加工时间之和，$i = 1, 2$. 目标为极大化最小机器负载. 此模型简记为 $Q2 \mid sum \mid C_{\min}$. 本文给出 $Q2min$ 算法并证明此算法的竞争比小于 $\frac{2+\sqrt{2}}{2}$，而此问题竞争比的下界为 $\frac{1+\sqrt{5}}{2}$.

本章第一节考虑 $1 < s < \dfrac{1+\sqrt{5}}{2}$ 时的情形，首先给出 min1 算法，

且证明此算法的竞争比为 $\dfrac{s}{1+s-\sqrt{1+s}}$ $\left(1 < s < \dfrac{1+\sqrt{5}}{2}\right)$. 第二节

考虑 $s \geqslant \dfrac{1+\sqrt{5}}{2}$ 时的情形，给出 min2 算法并证明此算法的竞争比为

$\dfrac{1+\sqrt{5}}{2}$ $\left(s \geqslant \dfrac{1+\sqrt{5}}{2}\right)$. 第三节给出 Q2min 算法并证明此算法的竞争

比小于 $\dfrac{2+\sqrt{2}}{2}$.

§4.1 $1 < s < \dfrac{1+\sqrt{5}}{2}$ 时的情形

我们把整个区间分成 $1 < s < \dfrac{1+\sqrt{5}}{2}$ 和 $s \geqslant \dfrac{1+\sqrt{5}}{2}$ 两部分，下面

我们先分析 $1 < s < \dfrac{1+\sqrt{5}}{2}$ 时的情形.

以下在不引起混淆的情况下分别用 M_1，M_2 代表机器 M_1 和机器

M_2，并且令 $x = \dfrac{1+s-\sqrt{1+s}}{s}$，显然 $x < \dfrac{2}{3}$. 我们给出 min1 算法.

min1 算法

步 0：$j = 1$；

步 1：若将工件 p_j 放在机器 M_1 上加工，使 M_1 的总负载仍不大于 $\sqrt{1+s}$ 则将工件放在 M_1 上加工. 若此时 $l(M_1) \in [x, \sqrt{1+s}]$，则将剩余工件由机器 M_2 加工，停止；

步 2：若将工件 p_j 放在机器 M_2 上加工，使 M_2 的总负载仍不大于 $1 + \dfrac{1-x}{s}$ 则将工件放在 M_2 上加工. 若此时 $l(M_2) \in [x, 1 +$

$\dfrac{1-x}{s}\Big]$，则将剩余工件由机器 M_1 加工，停止；

步 3：若工件 p_j 放在能使其最早完工的机器上加工仍使得该机器负载大于上限$\Big($定义上限为：机器 M_1 的上限为 $\sqrt{1+s}$，机器 M_2 的上限为 $1+\dfrac{1-x}{s}\Big)$，则将该工件放在负载最小的机器（如果两台机器的负载是同样大小则选机器 M_2）上加工而将剩余的工件放在另一台机器上加工，停止；

步 4：若 $j<n,j:=j+1$，返回步 1，否则停止.

为了证明 min1 算法的竞争比，我们首先给出下面的引理.

引理 1　若在加工某工件后有 $l(M_1)\in[x,\sqrt{1+s}]$ 或 $l(M_2)\in\Big[x,1+\dfrac{1-x}{s}\Big]$，则 $\dfrac{C^*}{C}\leqslant\dfrac{1}{x}$.

证明　仅证前一情形，后一情形同理可证. 由于 $T=1+s$，故 $C^*\leqslant 1$. 由算法步 1，当 $l(M_1)\in[x,\sqrt{1+s}]$ 时剩余的工件都将在 M_2 上加工，故算法终止时

$$l(M_2)=\frac{1+s-l(M_1)}{s}$$

$$\geqslant\frac{1+s-\sqrt{1+s}}{s}=x,$$

从而 $\dfrac{C^*}{C}\leqslant\dfrac{1}{x}$.

引理 2　若在加工某工件后某机器的负载大于其上限，则另一台机器的负载小于 x.

证明　由引理 1 的证明过程可以直接得到.

下面我们给出相应于 $1<s<\dfrac{1+\sqrt{5}}{2}$ 的 min1 算法的竞争比.

定理 1   min1 算法的竞争比为 $\dfrac{1}{x} = \dfrac{s}{1+s-\sqrt{1+s}}$.

证明   用反证法,假设定理不真则存在一反例 $I = (J, M)$ 使得 $\dfrac{C^*}{C} > \dfrac{1}{x}$. 由引理 1、引理 2 该情形只能出现在下述时刻:在加工某工件 p 前 $l(M_i) < x(i = 1, 2)$,而即便将工件 p 放在能使其最早完工的机器上加工仍使得该机器上的负载大于上限. 显然为满足条件工件 p 的加工时间必须大于 $(1+s)(1-x)$,我们将加工时间大于 $(1+s)(1-x)$ 的工件称为大工件. 由于总加工时间为 $1+s$,故在 J 中至多有两个大工件.

若在工件 p 到达时机器 M_2 上尚未安排任何工件,根据 min1 算法工件 p 应放在机器 M_2 上加工,易知此时算法为最优.

若在工件 p 到达时机器 M_2 上安排有工件,则此工件一定是大工件不妨设为 p_0,因而此时系统中有且只有两个最大工件. 若 min1 算法把 p_0 与 p 放在同一台机器上加工,则它们一定是放在机器 M_2 上加工. 由 min1 算法易知在机器 M_2 加工工件 p 之前,机器 M_1 的负载 $l(M_1)$ 一定大于或等于 $\dfrac{p_0}{s}$,因此 $C \geqslant \dfrac{p_0}{s}$. 由于 $C^* \leqslant 1$,故

$$\frac{C^*}{C} \leqslant \frac{1}{\dfrac{p_0}{s}} = \frac{s}{p_0} < \frac{s}{(1+s)(1-x)} < \frac{1}{x},$$

矛盾.

若 min1 算法把 p_0 与 p 放在不同的机器上加工,则 p 一定是放在机器 M_1 上加工. 因此 $C \geqslant \min\left\{\dfrac{p_0}{s}, p\right\} > \dfrac{(1+s)(1-x)}{s}$. 由于 $C^* \leqslant 1$,故

$$\frac{C^*}{C} < \frac{s}{(1+s)(1-x)} < \frac{1}{x},$$

矛盾.

综上所述定理成立.

下面我们考虑 $s \geqslant \dfrac{1+\sqrt{5}}{2}$ 的情形,我们给出 min2 算法.

§4.2 $s \geqslant \dfrac{1+\sqrt{5}}{2}$ 的情形

min2 算法

步 0:$j=1$;

步 1:若将工件 p_j 放在机器 M_1 上加工,使 M_1 的总负载仍不大于 $1+\dfrac{(3-\sqrt{5})s}{2}$,则将工件放在 M_1 上加工. 若此时 $l(M_1) \in \left[\dfrac{-1+\sqrt{5}}{2}, 1+\dfrac{(3-\sqrt{5})s}{2}\right]$,则将剩余工件由机器 M_2 加工,停止;

步 2:若将工件 p_j 放在机器 M_2 上加工,使 M_2 的总负载仍不大于 $1+\dfrac{3-\sqrt{5}}{2s}$,则将工件放在 M_2 上加工. 若此时 $l(M_2) \in \left[\dfrac{-1+\sqrt{5}}{2}, 1+\dfrac{3-\sqrt{5}}{2s}\right]$,则将剩余工件由机器 M_1 加工,停止;

步 3:若工件 p_j 放在能使其最早完工的机器上加工仍使得该机器负载大于上限$\left(定义上限为:机器 M_1 的上限为 1+\dfrac{(3-\sqrt{5})s}{2},机器 M_2 的上限为 1+\dfrac{3-\sqrt{5}}{2s}\right)$,则将该工件放在负载最小的机器(如果两台机器的负载是同样大小则选机器 M_2)上加工而将剩余的工件放在另一台机器上加工,停止;

步 4:若 $j < n, j := j+1$,返回步 1,否则停止.

为了证明 min2 算法的竞争比,我们给出下面的引理.

引理 3

若在加工某工件后有 $l(M_1) \in \left[\dfrac{-1+\sqrt{5}}{2}, 1 + \dfrac{(3-\sqrt{5})s}{2} \right]$ 或

$l(M_2) \in \left[\dfrac{-1+\sqrt{5}}{2}, 1 + \dfrac{3-\sqrt{5}}{2s} \right]$，则 $\dfrac{C^*}{C} \leqslant \dfrac{1+\sqrt{5}}{2}$。

证明 此引理的证明类似于引理 1 的证明，故从略.

引理 4 若在加工某工件后某机器的负载大于其上限，则另一台

机器的负载小于 $\dfrac{-1+\sqrt{5}}{2}$。

证明 此引理的证明类似于引理 2 的证明，故从略.

下面我们给出相应于 $s \geqslant \dfrac{1+\sqrt{5}}{2}$ 的 min2 算法的竞争比.

定理 2 min2 算法的竞争比为 $\dfrac{1+\sqrt{5}}{2}$。

此定理的证明与定理 1 的证明类似，但稍微复杂一些，我们证明

如下：

证明 用反证法，假设定理不真则存在一反例 $I = (J, M)$ 使得

$\dfrac{C^*}{C} > \dfrac{1+\sqrt{5}}{2}$。由引理 3、4 该情形只能出现在下述时刻：在加工某工

件 p 前 $l(M_i) < \dfrac{-1+\sqrt{5}}{2} (i = 1, 2)$，而即便将工件 p 放在能使其最

早完工的机器上加工仍使得该机器上的负载大于上限. 显然为满足

条件工件 p 的加工时间必须大于 $\dfrac{(3-\sqrt{5})(1+s)}{2}$，我们将加工时间大

于 $\dfrac{(3-\sqrt{5})(1+s)}{2}$ 的工件称为大工件. 由于总加工时间为 $1+s$，故在

J 中至多有两个大工件.

若在工件 p 到达时机器 M_2 上尚未安排任何工件，根据 min2 算

法工件 p 应放在机器 M_2 上加工,易知此时算法为最优.

若在工件 p 到达时机器 M_2 上安排有工件,则此工件一定是大工件不妨设为 p_0.

下面考虑最优解的结构:

若在最优解中 p_0 与 p 放在同一台机器上加工,则它们一定是放在机器 M_2 上加工. 此时 $C^* = L(M_1)$(这里 $L(M_1)$ 表示 I 中除去工件 p_0 与 p 所有其他工件放在机器 M_1 后机器 M_1 的负载). 由于工件 p_0 与 p 放在机器 M_2 后机器 M_2 的负载大于 $1 + \dfrac{3-\sqrt{5}}{2s}$,故 $L(M_1) <$ $\dfrac{-1+\sqrt{5}}{2}$. 若在工件 p 到达时机器 M_1 上的负载大于或等于 $\dfrac{p_0}{s}$,则 min2 算法将工件 p 放在机器 M_2 上加工而将其他工件放在机器 M_1 上加工,此时算法为最优. 故不妨假设工件 p 到达时机器 M_1 上的负载小于 $\dfrac{p_0}{s}$,则 min2 算法将工件 p 放在机器 M_1 上加工,从而 C 等于机器 M_2 的负载. 显然 $C \geqslant \dfrac{p_0}{s}$,故

$$\frac{C^*}{C} \leqslant \frac{L(M_1)}{\dfrac{p_0}{s}} < \frac{\dfrac{-1+\sqrt{5}}{2}}{\dfrac{(3-\sqrt{5})(1+s)}{2}} < \frac{1+\sqrt{5}}{2}.$$

若在最优解中 p_0 与 p 放在不同机器上加工,下面分两种情形讨论:

情形 1:

若在最优解中 p_0 放在机器 M_2 上加工,则 p 应放在机器 M_1 上加工. 由于 $p > \dfrac{(3-\sqrt{5})(1+s)}{2} \geqslant 1$,故 C^* 应该是机器 M_2 的负载,且

$$C^* = \frac{1 + s - p}{s} \leqslant \frac{\frac{-1 + \sqrt{5}}{2} + p_0}{s},\ \text{而显然} C \geqslant \frac{p_0}{s},\ \text{故}$$

$$\frac{C^*}{C} \leqslant \frac{\frac{\frac{-1 + \sqrt{5}}{2} + p_0}{s}}{\frac{p_0}{s}} < 1 + \frac{\frac{-1 + \sqrt{5}}{2}}{\frac{(3 - \sqrt{5})(1 + s)}{2}}$$

$$\leqslant 1 + \frac{-1 + \sqrt{5}}{2} = \frac{1 + \sqrt{5}}{2}$$

矛盾.

情形 2:

若在最优解中 p_0 放在机器 M_1 上加工，由于 $p_0 > \frac{(3 - \sqrt{5})(1 + s)}{2} \geqslant 1$，故 $C^* = \frac{1 + s - p_0}{s}$. 显然 $C \geqslant \frac{p_0}{s}$ 从而

$$\frac{C^*}{C} \leqslant \frac{\frac{1 + s - p_0}{s}}{\frac{p_0}{s}} = \frac{1 + s}{p_0} - 1 < \frac{1 + s}{\frac{(3 - \sqrt{5})(1 + s)}{2}} - 1$$

$$= \frac{2}{3 - \sqrt{5}} - 1 = \frac{1 + \sqrt{5}}{2}$$

综上所述定理成立.

§4.3 *Q*2min 算法

这一节我们介绍 *Q*2min 算法，此算法是由前两个算法合并而成的.

Q2min 算法

步 1：若 $1 < s < \dfrac{1+\sqrt{5}}{2}$，则执行 min1 算法；

步 2：若 $s \geqslant \dfrac{1+\sqrt{5}}{2}$，则执行 min2 算法.

下面的定理 3 给出了 Q2min 算法解 $Q2|sum|C_{\min}$ 问题的竞争比.

定理 3 Q2min 算法解 $Q2 \mid sum \mid C_{\min}$ 问题的竞争比小于 $\dfrac{2+\sqrt{2}}{2}$.

证明 由定理 1、定理 2 易知定理 3 成立.

定理 3 表明 Q2min 算法的竞争比严格小于 2. 为了便于对竞争比进行比较，下面的定理 4 给出 $Q2|sum|C_{\min}$ 问题竞争比的一个下界.

定理 4 任何算法解 $Q2 \mid sum \mid C_{\min}$ 问题的竞争比不小于 $\dfrac{1+\sqrt{5}}{2}$.

证明 不妨设机器的速度分别为 1 和 $\dfrac{1+\sqrt{5}}{2}$，总加工时间为

$$T = 1 + \dfrac{1+\sqrt{5}}{2}.$$

若某算法 A 把工件 $p_1 = \dfrac{\sqrt{5}-1}{2}$ 放在 M_1 上加工，则令 $p_2 = p_3 = 1$. 此时 $C^* = 1$，而不论怎么安排工件 p_2, p_3 都有 $C = \dfrac{\sqrt{5}-1}{2}$，从而

$$\dfrac{C^*}{C} = \dfrac{\sqrt{5}+1}{2}.$$

若算法 A 把工件 $p_1 = \dfrac{\sqrt{5}-1}{2}$ 放在 M_2 上加工，则令 $p_2 = \dfrac{3-\sqrt{5}}{2}$，$p_3 = \dfrac{1+\sqrt{5}}{2}$. 此时 $C^* = 1$，而不论怎么安排工件 p_2, p_3 都有 $C \leqslant$

$\dfrac{\sqrt{5}-1}{2}$，从而 $\dfrac{C^*}{C} \geqslant \dfrac{\sqrt{5}+1}{2}$.

定理 4 给出了问题的一个下界，它表明就竞争比而言 $Q2\min$ 算法与最优算法的差别已经很小了，其竞争比之差不大于 0.089.

最后我们证明 $Q2\min$ 算法是紧的.

定理 5 $Q2\min$ 算法是紧的.

证明 当 $1 < s < \dfrac{1+\sqrt{5}}{2}$ 时，我们考虑如下的实例：设 $p_1 = 1 - \dfrac{\sqrt{1+s}-1}{s}$，$p_2 = \dfrac{\sqrt{1+s}-1}{s}$，$p_3 = s$. 由 $Q2\min$ 算法知工件 p_1 应该安排在机器 M_1 上加工，工件 p_2, p_3 应该安排在机器 M_2 上加工. 此时 $C_{Q2\min} = \dfrac{1+s-\sqrt{1+s}}{s}$，而 $C^* = 1$，从而 $\dfrac{C^*}{C_{Q2\min}} = \dfrac{s}{1+s-\sqrt{1+s}}$.

当 $s \geqslant \dfrac{1+\sqrt{5}}{2}$ 时，我们考虑如下的实例：设 $p_1 = \dfrac{-1+\sqrt{5}}{2}$，$p_2 = \dfrac{3-\sqrt{5}}{2}s$，$p_3 = s$. 显然 $C^* = 1$. 由 $Q2\min$ 算法知工件 p_1 应该安排在机器 M_1 上加工，工件 p_2, p_3 应该安排在机器 M_2 上加工. 此时 $C_{Q2\min} = \dfrac{\sqrt{5}-1}{2}$，从而 $\dfrac{C^*}{C_{Q2\min}} = \dfrac{1+\sqrt{5}}{2}$.

第五章　带机器准备时间的已知工件总加工时间的半在线模型

经典的排序问题是假设所有的机器都是可以同时开始加工工件的,但在实际生活中机器不一定可以同时开工.如有的机器可能正在加工另外一个排序问题的工件,有的机器开工前需要做预防性维护,这时机器就不能立即开始加工.我们把这种不能同时开工的机器称为需要就绪时间(准备时间)的机器.

带机器准备时间的排序问题是由李忠义[42]于1988年首先提出来的.在机器有准备时间的情况下,最大完工时间(makespan)有两种含义:一种是最后一个完工工件的完工时间,简称为最大工件完工时间;另一种是最后一台完工机器的完工时间,简称为最大机器完工时间.我们用 $C_{\max}^J$ 表示最大工件完工时间、用 $C_{\max}^M$ 表示最大机器完工时间、用 $C_{\max}$ 泛指两个目标函数.在[40]中,Lee 证明了对 $P, r_i \mid \mid C_{\max}^M$ 问题 LPT 算法解此问题的最坏情况界为 $\frac{3}{2} - \frac{1}{2m}$,并给出了最坏情况界为 $\frac{4}{3}$ 的 MLPT 算法.文[41]证明了这些界对 $C_{\max}^J$ 仍成立.何勇[26],何勇和唐国春[29]进一步讨论了 LPT 算法的参数紧界.对于 $P2, r_i \mid sum \mid C_{\max}$,文[57]给出了算法 $Psum$,并证明算法的竞争比为 $\frac{4}{3}$ 且是最好的算法.文[57]讨论了 $P, r_i \mid ordinal \mid C_{\max}$ 问题,对 $P, r_i \mid ordinal \mid C_{\max}^J$ 问题文[57]给出了 POrdinalJ 算法并证明此算法是最好的算法,其竞争比为 m.对 $P, r_i \mid ordinal \mid C_{\max}^M$ 问题文[57]给出了 POrdinalM 算法并证明此算法的竞争比为 $\frac{3}{2}(m=2), \frac{13}{8}(m=$

$3),2-\dfrac{1}{m-1}(m\geqslant 4)$,且当 $m\leqslant 4$ 时为最好算法.

本章考虑已知工件总加工时间的两台机器半在线问题. 机器可能是同型机也可能是同类机,并且有可能有准备时间,用 $r_i\geqslant 0(i=1,2)$ 表示. 假设机器的速度分别为 $s_1=1,s_2=s\geqslant 1$,若 $s=1$ 则表明这两台机器是同型机;若 $s>1$ 则表明这两台机器是同类机. 工件是一个一个地来且相互之间是独立的,并假设工件的总加工时间是已知的不妨设为 T. 同时用 $l(M_i)$ 表示机器 M_i 当前的负载,即 $l(M_1)=p(M_1),l(M_2)=\dfrac{p(M_2)}{s}$;这里 $p(M_i)$ 表示当前在机器 M_i 上加工的工件的加工时间之和,$i=1,2$. 本章第一节考虑 $P2$,$r_i\mid sum\mid C_{\min}$ 问题,给出 $Prsum$ 算法并证明此算法的竞争比为 $\dfrac{3}{2}$,且是最优算法. 在第二节则考虑 $Q2,r_i\mid sum\mid C_{\max}$ 问题,给出 Q-$\max$ 算法并证明此算法的竞争比为 $\sqrt{2}$;同时给出此问题的一个下界.

§5.1　$P2$, $r_i\mid sum\mid C_{\min}$ 问题

假设工件的总加工时间为 T,机器 M_1,M_2 的准备时间分别为 $r_1\geqslant 0$,$r_2\geqslant 0$. 下面先考虑 $r_1\geqslant 0,r_2=0$ 时的特殊情形,我们给出 $Prsum0$ 算法并证明此算法的竞争比为 $\dfrac{3}{2}$.

在下面的 $Prsum0$ 算法中,我们把机器 M_1 的到达时间看作是机器 M_1 加工一个虚拟工件 p_0 所需的加工时间,此虚拟工件只能够在机器 M_1 上加工. 执行 $Prsum0$ 算法时,如果有其他的工件安排在机器 M_1 上加工,只有等此虚拟工件加工完工后才能够开始加工. 机器 M_1 的负载指的是所有在机器 M_1 上加工的工件的总加工时间,当然包括此虚拟工件的加工时间. 在本章的后续部分中,对某机器的到达时间以及该机器的负载我们都作相似的处理且不再作说明.

Prsum0 算法：

步1：若 $T \leqslant 2r_1$，则把所有的工件放在机器 M_2 上加工,否则转步2；

步2：

步2.1：将工件安排在机器 M_1 上加工,直到存在工件 p_j 使得 $l(M_1) + p_j > \dfrac{r_1 + T}{3}$.

步2.2：若 $l(M_1) + p_j \leqslant \dfrac{2(r_1 + T)}{3}$，则将工件 p_j 安排在机器 M_1 上加工,将剩余工件全部安排在机器 M_2 上加工,停止.

若 $l(M_1) + p_j > \dfrac{2(r_1 + T)}{3}$，则将工件 p_j 安排在机器 M_2 上加工,将剩余工件全部安排在机器 M_1 上加工,停止.

定理 1 Prsum0 算法的竞争比为 $\dfrac{3}{2}$.

证明： 若 $T \leqslant r_1$ 此时算法最优. 若 $r_1 < T \leqslant 2r_1$，因 $C_{Prsum0} > r_1 \geqslant \dfrac{r_1 + T}{3}$ 而 $C^* \leqslant \dfrac{r_1 + T}{2}$，从而 $\dfrac{C^*}{C_{Prsum0}} \leqslant \dfrac{3}{2}$. 若 $T > 2r_1$，则 $r_1 < \dfrac{r_1 + T}{3}$. 令 p_j 是第一个使 $l(M_1) + p_j > \dfrac{r_1 + T}{3}$ 的工件,这里 $l(M_1)$ 表示工件 p_j 到来时机器 M_1 的负载. 如果 $l(M_1) + p_j \leqslant \dfrac{2(r_1 + T)}{3}$，则由 Prsum0 算法知工件 p_j 安排在机器 M_1 上加工,剩余工件全部安排在机器 M_2 上加工. 此时在算法结束时机器 M_2 的负载大于或等于 $\dfrac{r_1 + T}{3}$，而 $C^* \leqslant \dfrac{r_1 + T}{2}$，从而 $\dfrac{C^*}{C_{Prsum0}} \leqslant \dfrac{3}{2}$. 如果 $l(M_1) + p_j > \dfrac{2(r_1 + T)}{3}$，则 $p_j > \dfrac{r_1 + T}{3}$ 且由 Prsum0 算法知工件 p_j 放在机器 M_2 上加工而剩余工件全部安排在机器 M_1 上加工. 此时,若 $p_j > \dfrac{r_1 + T}{2}$，则 Prsum0 算法是最优的；若 $p_j \leqslant \dfrac{r_1 + T}{2}$ 则所有安排在机器

M_1 上加工的工件的加工时间之和至少为 $\dfrac{r_1+T}{2}$. 从而 $C_{Prsum0}=p_j>$

$\dfrac{r_1+T}{3}$，故 $\dfrac{C^*}{C_{Prsum0}}<\dfrac{3}{2}$.

下面考虑一般的情形：令 $r=\min\{r_1,r_2\}$，$r_1'=r_1-r$，$r_2'=r_2-r$，则 r_1'，r_2' 中至少有一个是 0. 我们首先给出解此一般情形的 $Prsum$ 算法，然后证明此算法是最优的.

$Prsum$ 算法：

步 1：若 $r_2'=0$，则执行 $Prsum0$ 算法；

步 2：若 $r_1'=0$，则对换机器 M_1，M_2 的位置后执行 $Prsum0$ 算法.

为了证明 $Prsum$ 算法是最优的我们引入两个引理.

引理 1 对任一近似算法 A，若对 r_1'，r_2' 的所有实例 $I'=(J',M')$ 有 $\dfrac{C^A(I')}{C^*(I')}\leqslant c$（对极小化目标）$\left(\text{或者}\dfrac{C^*(I')}{C^A(I')}\leqslant c\text{（对极大化目标）}\right)$，则

对所有实例 $I=(J,M)$ 有 $\dfrac{C^A(I)}{C^*(I)}\leqslant c\left(\text{或者}\dfrac{C^*(I)}{C^A(I)}\leqslant c\right)$（这里 $J'=J$，

M 中机器与 M' 中机器相同，只是 M' 中机器的到达时间为 r_1'，r_2'，而 M 中机器的到达时间为 r_1，r_2，且 $r_1=r_1'+r,r_2=r_2'+r,r\geqslant0$.）

证明 仅以极小化目标为例，极大化目标同理可证. 若 $\dfrac{C^A(I')}{C^*(I')}\leqslant$

c，则 $\dfrac{C^A(I)}{C^*(I)}=\dfrac{C^A(I')+r}{C^*(I')+r}\leqslant\dfrac{C^A(I')}{C^*(I')}\leqslant c$.

显然该引理不仅对同型机适用，在同类机的情形下同样成立. 该定理表明在进行竞争比分析时我们可以把机器的到达时间同时减少一个相同的正数，如果此时竞争比小于或等于 c，则原问题的竞争比也小于或等于 c. 这一技巧在下一节讨论 $Q2,r_i|sum|C_{\max}$ 问题时还要用到.

引理 2　任何算法解 $P2, r_i \mid sum \mid C_{\min}$ 问题的竞争比至少为 $\dfrac{3}{2}$.

证明　由文[28]中定理 5.1 知任何算法解 $P2 \mid sum \mid C_{\min}$ 问题的竞争比至少为 $\dfrac{3}{2}$. 由于 $P2 \mid sum \mid C_{\min}$ 问题是 $P2, r_i \mid sum \mid C_{\min}$ 问题当 $r_i = 0 (i = 1, 2)$ 时的特例, 因此任何算法解 $P2, r_i \mid sum \mid C_{\min}$ 问题的竞争比至少为 $\dfrac{3}{2}$.

定理 2　$Prsum$ 算法解 $P2, r_i \mid sum \mid C_{\min}$ 问题的竞争比为 $\dfrac{3}{2}$, 因而是最优算法.

证明　由定理 1、引理 1 及引理 2 易知定理 2 成立.

§5.2　$Q2, r_i \mid sum \mid C_{\max}$ 问题

不妨设机器 M_1, M_2 的速度分别为 $s_1 = 1, s_2 = s > 1$, 机器的准备时间分别为 $r_1 = a \geqslant 0, r_2 = b \geqslant 0$. 本节给出 $Qr\max$ 算法并证明此算法的竞争比等于 $\sqrt{2}$; 同时给出此问题的一个下界. 下面我们先讨论 $r_1 = 0, r_2 = b \geqslant 0$ 时的特殊情形.

§5.2.1　$r_1 = 0, r_2 = b \geqslant 0$

在本小节中我们考虑 $r_1 = 0, r_2 = b \geqslant 0$ 的情形, 即机器 M_1 的准备时间为 0. 假设工件的总加工时间为 T, 若 $T \leqslant b$, 则显然把所有工件都放在机器 M_1 上加工即得最优解. 因此我们不妨假设 $T > b$, 此时无论目标是最大工件完工时间还是最大机器完工时间不等式 $C^* \geqslant \dfrac{T + bs}{1 + s}$ 都成立. 所以下面的算法对两种目标函数都是适合的.

首先给出 $Qr\max b$ 算法, 此算法是由两个子算法 $Qr\max b1$ 算法

和 $Qr\max b2$ 算法构成的.

$Qr\max b$ 算法：

步 1：若 $b \geqslant \dfrac{T+bs}{1+s} - \dfrac{T+bs}{(1+s)s}(\sqrt{2}-1)$，即 $b \geqslant \dfrac{[s-(\sqrt{2}-1)]T}{\sqrt{2}s}$，则将所有工件放在机器 M_1 上加工，否则转步 2.

步 2：若 $b < \dfrac{[(2\sqrt{2}-2)s-(2-\sqrt{2})]T}{[(2-\sqrt{2})s+2]s}$，则按 $Qr\max b1$ 算法加工.

若 $b \geqslant \dfrac{[(2\sqrt{2}-2)s-(2-\sqrt{2})]T}{[(2-\sqrt{2})s+2]s}$，则按 $Qr\max b2$ 算法加工.

算法中对 b 的分类是合理的，这是因为可以证明下不等式对任意的 $s \geqslant 1$ 成立

$$\frac{[s-(\sqrt{2}-1)]T}{\sqrt{2}s} > \frac{[(2\sqrt{2}-2)s-(2-\sqrt{2})]T}{[(2-\sqrt{2})s+2]s}.$$

$Qr\max b1$ 算法：

步 0：$j=1$.

步 1：若将工件 p_j 放在机器 M_1 上加工，使 M_1 的总负载仍不大于 $\sqrt{2}\dfrac{T+bs}{1+s}$ 则将工件放在 M_1 上加工，否则将 p_j 放在使其最早完工的机器上加工.

步 2：(1) 若此时 $l(M_1) \in \left[\dfrac{T+bs}{1+s} - \dfrac{T+bs}{1+s}(\sqrt{2}-1)s, \sqrt{2}\dfrac{T+bs}{1+s}\right]$，将剩余工件由机器 M_2 加工，停止.

(2) 若此时 $l(M_2) \in \left[\dfrac{T+bs}{1+s} - \dfrac{T+bs}{(1+s)s}(\sqrt{2}-1), \sqrt{2}\dfrac{T+bs}{1+s}\right]$，将剩余工件由机器 M_1 加工，停止.

(3) 若工件 p_j 放在能使其最早完工的机器上加工仍使得该机器负载大于 $\sqrt{2}\dfrac{T+bs}{1+s}$，则将剩余的工件放在另一台机器上加工，停止.

步 3：若 $j < n, j := j+1$，返回步 1，否则停止.

Qrmax b2 算法：

步 0：$j = 1$.

步 1：若将工件 p_j 放在机器 M_2 上加工，使 M_2 的总负载仍不大于 $\sqrt{2} \dfrac{T+bs}{1+s}$ 则将工件放在 M_2 上加工，否则将 p_j 放在使其最早完工的机器上加工.

步 2：(1) 若此时 $l(M_1) \in \left[\dfrac{T+bs}{1+s} - \dfrac{T+bs}{1+s}(\sqrt{2}-1)s, \sqrt{2}\dfrac{T+bs}{1+s} \right]$，将剩余工件由机器 M_2 加工，停止.

(2) 若此时 $l(M_2) \in \left[\dfrac{T+bs}{1+s} - \dfrac{T+bs}{(1+s)s}(\sqrt{2}-1), \sqrt{2}\dfrac{T+bs}{1+s} \right]$，将剩余工件由机器 M_1 加工，停止.

(3) 若工件 p_j 放在能使其最早完工的机器上加工仍使得该机器负载大于 $\sqrt{2}\dfrac{T+bs}{1+s}$，则将剩余的工件放在另一台机器上加工，停止.

步 3：若 $j < n, j := j+1$，返回步 1，否则停止.

显然 $Qr\max b1$ 算法与 $Qr\max b2$ 算法的区别在于工件到达后是考虑先把它放在机器 M_1 上加工，还是先把它放在机器 M_2 上加工. 如果 b $\left(b < \dfrac{[(2\sqrt{2}-2)s - (2-\sqrt{2})]T}{[(2-\sqrt{2})s+2]s} \right)$ 较小，则当工件到达时先考虑把它放在机器 M_1 上加工，即采用 $Qr\max b1$ 算法安排工件. 如果 b 较大 $\left(b \geqslant \dfrac{[(2\sqrt{2}-2)s - (2-\sqrt{2})]T}{[(2-\sqrt{2})s+2]s} \right)$，则当工件到达时先考虑把它放在机器 M_2 上加工，即采用 $Qr\max b2$ 算法安排工件. 下面我们证明 $Qr\max b$ 算法的竞争比等于 $\sqrt{2}$，为此先给出几个引理.

引理 1 若在加工某工件后有 $l(M_1) \in \left[\dfrac{T+bs}{1+s} - \dfrac{T+bs}{1+s}(\sqrt{2}-1)s, \right.$

$\sqrt{2}\,\dfrac{T+bs}{1+s}\Big]$，或 $l(M_2)\in\left[\dfrac{T+bs}{1+s}-\dfrac{T+bs}{(1+s)s}(\sqrt{2}-1),\ \sqrt{2}\,\dfrac{T+bs}{1+s}\right]$，则 $C_{Q\text{-}maxb}\leqslant\sqrt{2}C^*$.

证明　仅证前一情形，后一情形同理可证. 由于 $C^*\geqslant\dfrac{T+bs}{1+s}$，

且 当 $l(M_1)\in\left[\dfrac{T+bs}{1+s}-\dfrac{T+bs}{1+s}(\sqrt{2}-1)s,\ \sqrt{2}\,\dfrac{T+bs}{1+s}\right]$ 时剩余的工件都将在 M_2 上加工，故算法终止时

$$
\begin{aligned}
l(M_2) &= \frac{T+bs-l(M_1)}{s}\\[2mm]
&\leqslant \frac{T+bs-\dfrac{T+bs}{1+s}+\dfrac{T+bs}{1+s}(\sqrt{2}-1)s}{s}\\[2mm]
&= \frac{\dfrac{T+bs}{1+s}[1+s-1+(\sqrt{2}-1)s]}{s}\\[2mm]
&= \frac{\dfrac{T+bs}{1+s}\sqrt{2}s}{s}\leqslant\sqrt{2}C^*
\end{aligned}
$$

故 $C_{Q\!r\max b}\leqslant\sqrt{2}C^*$，从而 $\dfrac{C_{Q\!r\max b}}{C^*}\leqslant\sqrt{2}$

引理 2　任何算法终止时必有某机器的负载小于 $\sqrt{2}\,\dfrac{T+bs}{1+s}$.

证明　显然成立.

定理 1　$Qr\max b$ 算法的竞争比等于 $\sqrt{2}$.

证明　若 $b\geqslant\dfrac{[s-(\sqrt{2}-1)]T}{\sqrt{2}s}$，则当 $b>\sqrt{2}\,\dfrac{T+bs}{1+s}$ 时算法为最

优；而当 $b \leqslant \sqrt{2}\, \dfrac{T+bs}{1+s}$ 时，由 $Qr\max b$ 算法知所有工件放在机器 M_1

上加工. 根据引理 1 知 $C_{Qr\max b} \leqslant \sqrt{2}\, \dfrac{T+bs}{1+s}$，而 $C^* \geqslant \dfrac{T+bs}{1+s}$，因此

$\dfrac{C_{Qr\max b}}{C^*} \leqslant \sqrt{2}$. 故不妨假设 $b < \dfrac{[s-(\sqrt{2}-1)]T}{\sqrt{2}}$.

下面分两种情形进行讨论.

情形 1 若 $b < \dfrac{[(2\sqrt{2}-2)s-(2-\sqrt{2})]T}{[(2-\sqrt{2})s+2]s}$，则按 $Qr\max b1$ 算

法加工. 假设此时定理不真，则存在一反例 $I=(J, M)$ 使得 $\dfrac{C_{Qr\max b1}}{C^*} >$

$\sqrt{2}$. 由引理 1 该情形只能出现在下述时刻：在加工某工件 p 前

$l(M_1) < \dfrac{T+bs}{1+s} - \dfrac{T+bs}{1+s}(\sqrt{2}-1)s$ 及 $l(M_2) < \dfrac{T+bs}{1+s} - \dfrac{T+bs}{(1+s)s}$

$(\sqrt{2}-1)$，而即便将工件 p 放在能使其最早完工的机器上加工仍使得

该机器上的负载大于 $\sqrt{2}\, \dfrac{T+bs}{1+s}$. 显然为满足条件工件 p 的加工时间

必须大于 $(\sqrt{2}-1)(T+bs)$，我们将加工时间大于 $(\sqrt{2}-1)(T+bs)$ 的

工件称为大工件. 由于总加工时间为 T，故在 J 中至多有两个大工件.

若在工件 p 到达时机器 M_2 上尚未安排任何工件，此时再分两种
情形讨论.

1 在最优解中此工件是安排在机器 M_2 上加工，显然此时

$C^* = \dfrac{p}{s} + b$. 如果 $Qr\max b1$ 算法将工件 p 也安排在机器 M_2 上，易

知此时算法是最优的；如果 $Qr\max b1$ 算法将工件 p 安排在机器 M_1

上，则根据 $Qr\max b1$ 算法步 2(3) 知 $l(M_1) + p \leqslant \dfrac{p}{s} + b$，从而此时

算法也是最优的.

2 在最优解中此工件是安排在机器 M_1 上加工,则 $C^* \geqslant p$. 如果 $Qr\max b1$ 算法将工件 p 也安排在机器 M_1 上,则由 $Qr\max b1$ 算法步 2(3) 知 $l(M_1) + p \leqslant b + \dfrac{p}{s}$. 因为 $C_{Qr\max b1} = l(M_1) + p$,故 $C_{Qr\max b1} \leqslant b + \dfrac{p}{s}$. 如果 $Qr\max b1$ 算法将工件 p 安排在机器 M_2 上,显然 $C_{Qr\max b1} = b + \dfrac{p}{s}$. 因此不论 $Qr\max b1$ 算法将工件 p 安排在哪一台机器上加工,

都有 $C_{Qr\max b1} \leqslant b + \dfrac{p}{s}$. 下面证明 $\dfrac{C_{Qr\max b1}}{C^*} \leqslant \dfrac{b + \dfrac{p}{s}}{p} \leqslant \sqrt{2}$,即证明

$b \leqslant \dfrac{(\sqrt{2}s - 1)p}{s}$. 注意到 $p > (\sqrt{2} - 1)(T + bs)$,因此只需证明 $b \leqslant$

$\dfrac{(\sqrt{2}s - 1)}{s}(\sqrt{2} - 1)(T + bs)$. 即需证

$$[\sqrt{2}(\sqrt{2} - 1)s - \sqrt{2}]bs + (\sqrt{2}s - 1)(\sqrt{2} - 1)T \geqslant 0. \quad (*)$$

上不等式左边当 $s \geqslant 1 + \sqrt{2}$ 时是 b 的增函数,当 $1 \leqslant s < 1 + \sqrt{2}$ 时是 b 的减函数. 当 $s \geqslant 1 + \sqrt{2}$ 时不等式 $(*)$ 显然成立. 下面证明当 $1 \leqslant s < 1 + \sqrt{2}$ 时不等式 $(*)$ 也成立. 因为 $b < \dfrac{[(2\sqrt{2} - 2)s - (2 - \sqrt{2})]T}{[(2 - \sqrt{2})s + 2]s}$,

故只需证明

$$[\sqrt{2}(\sqrt{2} - 1)s - \sqrt{2}]\dfrac{[(2\sqrt{2} - 2)s - (2 - \sqrt{2})]T}{(2 - \sqrt{2})s + 2} +$$

$$(\sqrt{2}s - 1)(\sqrt{2} - 1)T \geqslant 0$$

即可. 经过简单的运算知道此不等式是成立的.

若工件 p 到达时机器 M_2 上已经安排有工件加工,则此工件一定

是大工件,不妨设为 p_0. 否则,若机器 M_2 上安排的是小工件,则据 $Qr\max b1$算法步 1 此小工件应放在机器 M_1 上加工,矛盾. 下面我们分两种情况考虑此情形下最优解的结构.

1 若在最优解中,工件 p_0、p 在同一台机器上加工,则有 $C^* \geqslant \min\left\{ p_0 + p, b + \dfrac{p_0 + p}{s} \right\}$,而 $C_{Qr\max b1} = \min\{l(M_1) + p, b + \dfrac{p_0 + p}{s}\}$,这里 $l(M_1)$ 表示在工件 p 到达前机器 M_1 的负载. 由于 $l(M_1) < \dfrac{T+bs}{1+s} - \dfrac{T+bs}{1+s}(\sqrt{2}-1)s < (\sqrt{2}-1)(T+bs) < p_0$,从而 $C_{Qr\max b1} \leqslant C^*$,故此时算法为最优.

2 若在最优解中,工件 p_0、p 不在同一台机器上加工,则有 $C^* \geqslant \min\{p_0, p\}$,由于 $l(M_1) + p + p_0 \leqslant T \leqslant T+bs$,从而

$$C_{Qr\max b1} \leqslant l(M_1) + p \leqslant T + bs - p_0$$
$$< T + bs - (\sqrt{2}-1)(T+bs)$$
$$= \sqrt{2}(\sqrt{2}-1)(T+bs)$$
$$< \sqrt{2}\min\{p, p_0\} \leqslant \sqrt{2}C^*.$$

矛盾.

情形 2 若 $b \geqslant \dfrac{[(2\sqrt{2}-2)s - (2-\sqrt{2})]T}{[(2-\sqrt{2})s+2]s}$,则按 $Qr\max b2$ 算法加工. 假设此时定理不真,则存在一反例 $I = (J, M)$ 使得 $\dfrac{C_{Qr\max b2}}{C^*} > \sqrt{2}$. 由引理 1 该情形只能出现在下述时刻:在加工某工件 p 前 $l(M_1) < \dfrac{T+bs}{1+s} - \dfrac{T+bs}{1+s}(\sqrt{2}-1)s$ 及 $l(M_2) < \dfrac{T+bs}{1+s} - \dfrac{T+bs}{(1+s)s}(\sqrt{2}-1)$,而即便将工件 p 放在能使其最早完工的机器上加工仍使得该机器上的

负载大于 $\sqrt{2}\,\dfrac{T+bs}{1+s}$. 显然为满足条件工件 p 的加工时间必须大于 $(\sqrt{2}-1)(T+bs)$,我们将加工时间大于 $(\sqrt{2}-1)(T+bs)$ 的工件称为大工件. 由于总加工时间为 T,故在 J 中至多有两个大工件. 下面分两种情形讨论.

Subcase 1 若在工件 p 到达时机器 M_1 上已经安排有工件加工,则此工件一定是大工件,不妨设为 p_0.

如果在最优解中,工件 p_0、p 在同一台机器上加工,则有 $C^* \geqslant \min\left\{p_0+p, b+\dfrac{p_0+p}{s}\right\}$, 而 $C_{Q r \max b2} = \min\left\{p_0+p, l(M_2)+\dfrac{p}{s}\right\}$, 这里 $l(M_2)$ 表示在工件 p 到达前机器 M_2 的负载. 下面证明 $l(M_2) < \dfrac{T+bs}{1+s} - \dfrac{T+bs}{(1+s)s}(\sqrt{2}-1) < b + \dfrac{(T+bs)(\sqrt{2}-1)}{s} < b + \dfrac{p_0}{s}$,即证明不等式 $\dfrac{T+bs}{1+s} - \dfrac{T+bs}{(1+s)s}(\sqrt{2}-1) < b + \dfrac{(T+bs)(\sqrt{2}-1)}{s}$ 成立.

由 $(2-\sqrt{2})s + 2 - \sqrt{2} > 0$, 得 $-(\sqrt{2}-2)^2 s^2 + 2(\sqrt{2}-2)s + 2(\sqrt{2}-1)(2-\sqrt{2})s + 4(\sqrt{2}-1) + 2(\sqrt{2}-1)^2 s^2 + 2(\sqrt{2}-1)(2\sqrt{2}-1)s - (2-\sqrt{2})(\sqrt{2}-1)s - (2-\sqrt{2})(2\sqrt{2}-1) > 0$. 即

$$[(\sqrt{2}-2)s + 2(\sqrt{2}-1)][(2-\sqrt{2})s + 2] +$$

$$[(2\sqrt{2}-2)s - (2-\sqrt{2})][(\sqrt{2}-1)s + (2\sqrt{2}-1)] > 0.$$

由于

$$bs \geqslant \frac{[(2\sqrt{2}-2)s - (2-\sqrt{2})]T}{(2-\sqrt{2})s + 2},$$

因此有

$$[(\sqrt{2}-2)s + 2(\sqrt{2}-1)]T + [(\sqrt{2}-1)s + (2\sqrt{2}-1)]bs > 0.$$

即

$$[(\sqrt{2}-2)s+2(\sqrt{2}-1)](T+bs)+(1+s)bs>0.$$

从而

$$\frac{T+bs}{(1+s)s}[s-(\sqrt{2}-1)]<b+\frac{(T+bs)(\sqrt{2}-1)}{s}.$$

故 $l(M_2)<b+\dfrac{p_0}{s}$, 从而 $l(M_2)+\dfrac{p}{s}<b+\dfrac{p_0+p}{s}$. 因此 $C_{Qr\max b2}\leqslant$ C^*, 故此时算法为最优.

如果在最优解中, 工件 p_0、p 不在同一台机器上加工, 则有 $C^*\geqslant$ $\min\left\{\dfrac{p_0}{s},\dfrac{p}{s}\right\}$, 由于 $C_{Qr\max b2}=\min\left\{l(M_2)+\dfrac{p}{s},p_0+p\right\}\leqslant l(M_2)+$ $\dfrac{p}{s}$, 从而

$$C_{Qr\max b2}\leqslant\frac{T+bs-p_0}{s}<\frac{T+bs-(\sqrt{2}-1)(T+bs)}{s}$$

$$=\frac{\sqrt{2}(\sqrt{2}-1)(T+bs)}{s}<\sqrt{2}\min\left\{\frac{p_0}{s},\frac{p}{s}\right\}\leqslant\sqrt{2}C^*.$$

矛盾.

Subcase 2 若在工件 p 到达时机器 M_1 上没有安排工件加工.

如果在最优解中, 工件 p 是安排在机器 M_1 上加工, 此时显然 $C^*=p$. 如果 $Qr\max b2$ 算法将工件 p 也安排在机器 M_1 上, 易知此时算法是最优的; 如果 $Qr\max b2$ 算法将工件 p 安排在机器 M_2 上, 则根据 $Qr\max b2$ 算法步 2(3) 知 $l(M_2)+\dfrac{p}{s}\leqslant p$. 从而 $C_{Qr\max b2}=$ $l(M_2)+\dfrac{p}{s}\leqslant p=C^*$, 故此时算法也是最优的.

如果在最优解中，工件 p 是安排在机器 M_2 上加工，则 $C^* \geqslant \dfrac{p}{s} + b$. 如果 $Qr\max b2$ 算法将工件 p 也安排在机器 M_2 上，易知此时 $C_{Qr\max b2} = l(M_2) + \dfrac{p}{s}$. 如果 $Qr\max b2$ 算法将工件 p 安排在机器 M_1 上，则根据 $Qr\max b2$ 算法步 $2(3)$ 知 $p \leqslant l(M_2) + \dfrac{p}{s}$. 因为此时 $C_{Qr\max b2} = p$，故 $C_{Qr\max b2} \leqslant l(M_2) + \dfrac{p}{s}$. 这表明不论 $Qr\max b2$ 算法将工件 p 安排在哪一台机器上加工，都有 $C_{Qr\max b2} \leqslant l(M_2) + \dfrac{p}{s} < \dfrac{p}{s} + \dfrac{T+bs}{1+s}\left(1 - \dfrac{\sqrt{2}-1}{s}\right)$，故 $\dfrac{C_{Qr\max b}}{C^*} < \dfrac{\dfrac{p}{s} + \dfrac{T+bs}{1+s}\left(1 - \dfrac{\sqrt{2}-1}{s}\right)}{\dfrac{p}{s} + b}$.

下面证明 $\dfrac{\dfrac{p}{s} + \dfrac{T+bs}{1+s}\left(1 - \dfrac{\sqrt{2}-1}{s}\right)}{\dfrac{p}{s} + b} \leqslant \sqrt{2}$，只需证明 $\dfrac{T+bs}{1+s}(s - (\sqrt{2} - 1)) \leqslant \sqrt{2}sb + (\sqrt{2}-1)p$ 即可. 由已知 $b \geqslant \dfrac{[(2\sqrt{2}-2)s - (2-\sqrt{2})]T}{[(2-\sqrt{2})s + 2]s}$，可得 $[(2\sqrt{2}-2)s - (2-\sqrt{2})](T+bs) \leqslant \sqrt{2}(1+s)sb$，即 $\dfrac{T+bs}{1+s}[s - (\sqrt{2}-1)] \leqslant \sqrt{2}sb + (3-2\sqrt{2})(T+bs)$. 由于 $p > (\sqrt{2}-1)(T+bs)$，故 $\dfrac{T+bs}{1+s}(s - (\sqrt{2}-1)) < \sqrt{2}sb + (\sqrt{2}-1)p$.

由以上可以看出不论哪一种情形，所得的结果都与假设矛盾，因此定理成立.

接下来我们讨论 $r_1 = a \geqslant 0, r_2 = 0$ 时的特殊情形.

§5.2.2 $r_1 = a \geqslant 0$, $r_2 = 0$

在本小节中我们考虑 $r_1 = a \geqslant 0$, $r_2 = 0$ 的情形,即机器 M_2 的准备时间为 0. 假设工件的总加工时间为 T,若 $T \leqslant as$,则显然把所有工件都放在机器 M_2 上加工即得最优解. 因此我们不妨假设 $T > as$,此时无论目标函数是最大工件完工时间还是最大机器完工时间不等式 $C^* \geqslant \dfrac{T+a}{1+s}$ 都成立. 所以下面的算法对两种目标函数都是适合的,我们给出 $Q_r\max a$ 算法.

$Q_r\max a$ 算法:

步 1:若 $a \geqslant \dfrac{[1 - s(\sqrt{2} - 1)]T}{\sqrt{2}s}$,则将所有工件放在机器 M_2 上加工,否则转步 2;

步 2:

步 2.0:$j = 1$;

步 2.1:若将工件 p_j 放在机器 M_1 上加工,使 M_1 的总负载仍不大于 $\dfrac{\sqrt{2}(T+a)}{1+s}$ 则将工件放在 M_1 上加工,否则将 p_j 放在使其最早完工的机器上加工;

步 2.2:(1) 若此时 $l(M_1) \in \left[\dfrac{T+a}{1+s}[1 - s(\sqrt{2} - 1)], \dfrac{\sqrt{2}(T+a)}{1+s} \right]$,将剩余工件由机器 M_2 加工,停止;

(2) 若此时 $l(M_2) \in \left[\dfrac{T+a}{1+s}\left(1 - \dfrac{\sqrt{2}-1}{s}\right), \dfrac{\sqrt{2}(T+a)}{1+s} \right]$,将剩余工件由机器 M_1 加工,停止;

(3) 若工件 p_j 放在能使其最早完工的机器上加工仍使得该机器负载大于 $\dfrac{\sqrt{2}(T+a)}{1+s}$,则将剩余的工件放在另一台机器上加工,停止;

步 2.3：若 $j<n,j:=j+1$，返回步 1，否则停止.

为了证明 $Q_r\mathrm{max}a$ 算法的竞争比，我们给出下面的引理.

引理 3 若在加工某工件后有 $l(M_1) \in \left[\dfrac{T+a}{1+s}[1-s(\sqrt{2}-1)],\right.$

$\left.\dfrac{\sqrt{2}(T+a)}{1+s}\right]$，或 $l(M_2) \in \left[\dfrac{T+a}{1+s}\left(1-\dfrac{\sqrt{2}-1}{s}\right),\dfrac{\sqrt{2}(T+a)}{1+s}\right]$，则

$C_{Q_r\mathrm{max}a} \leqslant \sqrt{2}C^*$.

证明 仅证前一情形，后一情形同理可证. 由于 $C^* \geqslant \dfrac{T+a}{1+s}$，且

由算法步 2 知当 $l(M_1) \in \left[\dfrac{T+a}{1+s}[1-s(\sqrt{2}-1)],\dfrac{\sqrt{2}(T+a)}{1+s}\right]$ 时剩

余的工件都将在 M_2 上加工，因此算法终止时

$$l(M_2) = \frac{T+a-l(M_1)}{s}$$

$$\leqslant \frac{T+a-\dfrac{T+a}{1+s}[1-s(\sqrt{2}-1)]}{s} \leqslant \sqrt{2}C^*,$$

故 $C_{Q_r\mathrm{max}a} \leqslant \sqrt{2}C^*$，从而 $\dfrac{C_{Q_r\mathrm{max}a}}{C^*} \leqslant \sqrt{2}$.

定理 2 $Q_r\mathrm{max}a$ 算法的竞争比等于 $\sqrt{2}$.

证明 若 $a \geqslant \dfrac{[1-s(\sqrt{2}-1)]T}{\sqrt{2}s}$，则当 $a > \dfrac{\sqrt{2}(T+a)}{1+s}$ 时显然算

法是最优的；而当 $a \leqslant \dfrac{\sqrt{2}(T+a)}{1+s}$ 时由引理 1 易知定理成立. 下面考

虑 $a < \dfrac{[1-s(\sqrt{2}-1)]T}{\sqrt{2}s}$ 的情形：

用反证法，假设定理不真则存在一反例 $I = (J, M)$ 使得

$\dfrac{C_{Qrmaxa}}{C^*} > \sqrt{2}.$ 由引理 1 该情形只能出现在下述时刻：在加工某工件 p

前 $l(M_1) < \dfrac{T+a}{1+s}[1-s(\sqrt{2}-1)]$ 及 $l(M_2) < \dfrac{T+a}{1+s}\left(1-\dfrac{\sqrt{2}-1}{s}\right)$，

而即便将工件 p 放在能使其最早完工的机器上加工仍使得该机器上

的负载大于 $\dfrac{\sqrt{2}(T+a)}{1+s}$. 显然为满足条件工件 p 的加工时间必须大于

$(\sqrt{2}-1)(T+a)$，我们将加工时间大于 $(\sqrt{2}-1)(T+a)$ 的工件称为

大工件. 由于总加工时间为 T，故在 J 中至多有两个大工件.

若在工件 p 到达时机器 M_2 上尚未安排任何工件，根据 $Qrmaxa$

算法知工件 p 即便放在机器 M_2 上加工仍有 $l(M_2) > \dfrac{\sqrt{2}(T+a)}{1+s}$，因

此 $p > \dfrac{\sqrt{2}(T+a)}{1+s}s$. 由于 $\dfrac{p}{s} < l(M_1)+p$，这里 $l(M_1)$ 为工件 p 到达

时机器 M_1 的负载，由 $Qrmaxa$ 算法知工件 p 应该放在机器 M_2 上加

工，因而此时算法为最优.

若在工件 p 到达时机器 M_2 上安排有工件，则安排器 M_2 上的工件

只有一个且一定是大工件，不妨设其为 p_0. 因此 $C_{Qrmaxa} = \min\{\, l(M_1)+$

$p,\ (p+p_0)/s\}$.

若在最优解中 p 和 p_0 放在同一台机器上加工，则 $C^* \geqslant \dfrac{p_0+p}{s}$.

而 $C_{Qrmaxa} \leqslant (p+p_0)/s \leqslant C^*$，因而此时算法是最优的. 若在最优解

中 p 和 p_0 放在不同的机器上加工，则 $C^* \geqslant \min\{p_0,p\}$. 如果

$Qrmaxa$ 算法把工件 p 安排在机器 M_1 上加工，易知 $C_{Qrmaxa} = l(M_1)+$

p. 如果 $Qrmaxa$ 算法把工件 p 安排在机器 M_2 上加工，易知 $\dfrac{p_0+p}{s} \leqslant$

$l(M_1)+p$. 因而 $C_{Qrmaxa} = \dfrac{p_0+p}{s} \leqslant l(M_1)+p$. 这表明无论 $Qrmaxa$

算法把工件 p 安排在哪一台机器上加工，都有 $C_{Qrmaxa} \leqslant l(M_1) + p$. 由于 $l(M_1) + p + p_0 \leqslant T + a$，故 $l(M_1) + p < T + a - (\sqrt{2} - 1)(T + a) < \sqrt{2}\min\{p_0, p\} \leqslant \sqrt{2}C^*$. 这与 $\dfrac{C_{Qrmaxa}}{C^*} > \sqrt{2}$ 矛盾，从而定理成立.

推论 若 $s \geqslant \sqrt{2} + 1$，则将所有工件放在机器 M_2 上加工可得 $\dfrac{C_{Qrmaxa}}{C^*} \leqslant \sqrt{2}$.

证明 若 $s \geqslant \sqrt{2} + 1$，则 $\dfrac{[1 - s(\sqrt{2} - 1)]T}{\sqrt{2}s} \leqslant 0$，从而 $a \geqslant \dfrac{[1 - s(\sqrt{2} - 1)]T}{\sqrt{2}s}$. 由 $Qrmaxa$ 算法知结论成立.

§5.2.3 $r_1 = a \geqslant 0$, $r_2 = b \geqslant 0$

有了前两节关于特殊情况的讨论，下面我们可以给出一般情形下的 $Qrmax$ 算法. 令 $r = \min\{a, b\}$, $r_1' = r_1 - r$, $r_2' = r_2 - r$，则 r_1'、r_2' 中至少有一个是 0.

$Qrmax$ 算法：
若 $r_1' = 0$，则执行 $Qrmaxb$ 算法；否则执行 $Qrmaxa$ 算法.
定理 3 $Qrmax$ 算法的竞争比等于 $\sqrt{2}$.
证明： 由定理 1 以及定理 2 以及 §5.1 节引理 1 易知定理 3 成立.
最后我们给出本节所讨论问题的一个下界.

定理 4 任何算法解 $Q2, r_i \mid sum \mid C_{\max}$ 问题竞争比至少为 $\dfrac{1 + \sqrt{3}}{2}$.

证明 由文[57]中定理 2.3.1 知任何算法解 $Q2 \mid sum \mid C_{\max}$ 问题竞争比至少为 $\dfrac{1 + \sqrt{3}}{2}$. 由于 $Q2 \mid sum \mid C_{\max}$ 问题是 $Q2, r_i \mid sum \mid C_{\max}$ 问题的特例，因此定理 4 成立.

第六章 半在线模型的松弛

在本章我们引进一个新的半在线术语：半在线模型的松弛. 迄今为止, 在国内外的参考文献中尚未看到有文章提出过半在线模型的松弛这一半在线术语. 然后我们介绍一个新的半在线模型：已知工件最大加工时间在某一区域内, 即 *Known largest job interval* 模型. 显然此模型是已知工件最大加工时间这一半在线模型松弛得来的.

何勇在文[34]中曾经考虑过两个半在线模型的复合. 假设 s_1, s_2 是任意的两个半在线模型, 若某半在线模型同时满足半在线模型 s_1 和 s_2 的假设, 则称此模型为半在线模型 s_1 和 s_2 的复合, 记为 $s_1 \& s_2$. 显然半在线模型 $s_1 \& s_2$ 的条件比半在线模型 s_1 和 s_2 的条件都强, 因而我们期望所得的结果要更好. 既然半在线模型的条件可以加强从而成为一个新的半在线模型, 当然半在线模型的条件也可以放松成为另外一个半在线模型, 我们称之为半在线模型的松弛. 我们总是希望复合后的半在线模型结果会更好, 但对于半在线模型的松弛来说却很难. 只要松弛后的半在线模型的结果比在线模型的结果好我们就认为是有效的. 本章我们考虑已知工件最大加工时间的半在线模型的松弛.

在已知工件最大加工时间这个半在线模型中, 要求最大工件的加工时间是已知的. 然而在某些情况下我们对最大工件的加工时间不是知道得很清楚, 我们仅知道最大工件的加工时间在某一个区间内. 具体来说就是：我们知道最大工件的加工时间在 $[p, rp]$（这里的 p, r 为某给定的实数, 且 $r \geqslant 1$）内, 但具体是多少只有当最大工件来到后才知道, 其他的非最大工件的加工时间都小于或等于 p. 对于加工时间为 p 的工件它可能是最大的工件也可能不是, 这要看是否有比它大的工件到来. 我们把此模型叫做 *known largest job interval* 模型. 显然若 $r=1$, 则此模型即为前面讨论过的已知工件最大加工时间的半在线模型.

本章分两节：第一节考虑 $P2 \mid known\ largest\ job\ interval \mid C_{\max}$ 问题, 我们把此问题分为两个区间来讨论：当 $r \geqslant 2$ 时, 我们证明任何算法解此问题的竞争比为 $\frac{3}{2}$. 易知此时模型中已知的信息对问题的求解作用不大, 因为在线问题的竞争比也为 $\frac{3}{2}$. 当 $1 \leqslant r < 2$ 时, 我们首先证明 LS 算法解此问题的竞争比仍为 $\frac{3}{2}$, 然后给出 *interval* 算法及其竞争比 $\frac{2(1+r)}{2+r}$. 最后我们给出 *Pinterval* 算法及此算法解 $P2 \mid known\ largest\ job\ interval \mid C_{\max}$ 问题的竞争比, 并证明此竞争比是紧的且与最优算法竞争比的误差不超过 $\frac{4}{33}$. 第二节考虑 $P2 \mid known\ largest\ job\ interval \mid C_{\min}$ 问题, 在这一节中我们分三个区间给出问题竞争比的下界：在区间 $1 \leqslant r \leqslant \frac{3}{2}, \frac{3}{2} < r < 2, r \geqslant 2$ 上任何算法解此问题的竞争比的下界分别为 $\frac{3}{2}, r, 2$. 显然当 $r \geqslant 2$ 时模型中已知的信息对问题的求解作用不大；因为在线问题的竞争比也为 2. 当 $1 \leqslant r < 2$ 时, 我们证明 LS 算法解此问题的竞争比仍为 2, 然后给出 *interval* 算法解 $P2 \mid known\ largest\ job\ interval \mid C_{\min}$ 问题的竞争比 $1 + \frac{r}{2}$. 最后我们给出 *Pinterval* 算法解 $P2 \mid known\ largest\ job\ interval \mid C_{\min}$ 问题的竞争比, 并证明此竞争比是紧的且与最优算法竞争比的误差不超过 $\frac{1}{4}$.

§6.1 *P2|known largest job interval|C*$_{\text{max}}$ 问题

在这一节中,我们给出 *Pinterval* 算法及其竞争比并证明此竞争比是紧的. 下面给出几个定理.

定理 1 当 $1 \leqslant r < 2$ 时, LS 算法解 *P2|known largest job interval|C*$_{\text{max}}$ 问题的竞争比不小于 $\frac{3}{2}$.

证明: 考虑下面的实例. 假设三个工件分别是 $p_1 = p_2 = \frac{\beta p}{2}$,

$p_3 = p_{\text{max}} = \beta p (1 \leqslant \beta \leqslant r)$. 显然 $C^* = \beta p$, $C_{LS} = \frac{3\beta p}{2}$. 从而 $\frac{C_{LS}}{C^*} = \frac{3}{2}$.

定理 2 当 $r \geqslant 2$ 时, 任何算法解 *P2|known largest job interval|C*$_{\text{max}}$ 问题的竞争比不小于 $\frac{3}{2}$.

证明 假设 $p_1 = p_2 = p$. 若某算法 A 把它们放在同一台机器上加工, 则不再来新的工件(此时相当于 $p_{\text{max}} = p$). 显然 $C^* = p$, $C_A = 2p$. 从而 $\frac{C_A}{C^*} = 2$. 若算法 A 把它们放在不同的机器上加工, 则再来一个最大的工件 $p_{\text{max}} = 2p$ 后不再来其他的工件. 显然 $C^* = 2p$, $C_A = 3p$. 从而 $\frac{C_A}{C^*} = \frac{3}{2}$.

由于 LS 算法是解 *P2||C*$_{\text{max}}$ 问题的最好算法其竞争比为 $\frac{3}{2}$, 因此有以下推论:

推论 1 当 $r \geqslant 2$ 时, LS 算法是解 *P2|known largest job interval|C*$_{\text{max}}$ 问题的最好算法.

由推论 1 及定理 1 知只需要考虑 $1 \leqslant r < 2$ 的情形, 下面假设 $1 \leqslant r < 2$. 令 x 是当前要安排的工件, M_1, M_2 分别是机器 M_1, M_2 当前

的负载. 我们给出 *interval* 算法.

***interval* 算法:**

步 1:若 $x < p$, 如果 $x + M_1 < 2p$, 则把当前工件 x 安排在机器 M_1 上加工, 否则转步 3.

步 2:若 $x \geqslant p$, 如果 $M_2 + x < 2p$, 则把当前工件 x 安排在机器 M_2 上加工. 否则转步 3.

步 3:按 LS 算法把工件 x 安排在机器 M_1 或 M_2 上加工.

重复执行以上各步直到不再有新工件到来为止. 在最大工件到来之前若某工件的加工时间为 p 则视其为最大工件, 即按算法步 2 执行.

为了证明定理 3, 我们先介绍几个引理.

引理 1 若 $M_2 < p$, 则已安排工件都非最大工件.

证明 若 $M_2 = 0$, 显然已安排工件都非最大工件. 故不妨设 $M_2 > 0$, 下面用反证法证明此时结论成立. 假设已有最大工件被安排在某台机器上加工, 由于机器 M_2 没有安排最大工件 ($M_2 < p$), 因此最大工件一定是安排机器 M_1 上, 且显然 $M_2 + p_{\max} \geqslant 2p$. 令 $l(M_1)$ 表示工件 $p_{\max}$ 未安排前机器 M_1 的负载, 则 $l(M_1) \leqslant M_2$. 另一方面, 由于机器 M_2 没有安排最大工件, 所以 $l(M_1) + M_2 \geqslant 2p$. 注意到 $M_2 < p$, 可知 $l(M_1) > p > M_2$, 矛盾. 因此已排工件都非最大工件.

引理 2 如果 $M_2 \geqslant p$, 那么 $|M_1 - M_2| \leqslant p_{\max} = rp$.

证明 用反证法. 设 $M_1 - M_2 > rp$, 则 $M_1 > p + rp \geqslant 2p$. 令 x 是已安排在机器 M_1 上的最后一个工件, M_1^x 是工件 x 未安排前机器 M_1 上的负载. 显然 x 安排在机器 M_1 上是执行 *interval* 算法步 3 (即按 LS 算法安排工件) 的结果, 因此 $M_1^x \leqslant M_2$. 故 $M_1 - M_2 = M_1^x + x - M_2 \leqslant x \leqslant p_{\max}$, 矛盾, 从而 $M_1 \leqslant M_2 + rp$. 同理可得 $M_2 \leqslant M_1 + rp$. 定理证毕.

定理 3 当 $1 \leqslant r < 2$ 时, *interval* 算法解 $P2 \mid known\ largest\ job\ interval \mid C_{\max}$ 问题的竞争比为 $\dfrac{2(1+r)}{2+r}$.

证明 设 p_n 是最后一个到达的工件,两台机器在 p_n 被安排之前的负载分别为 M_1, M_2. 考虑以下两种情形.

情形 1 $M_2 < p$. 由引理 1 知 $p_n = p_{max}$,工件 p_n 应该安排在机器 M_2 上加工且 $M_1 < 2p$. 若 $M_1 < p$,则 $M_2 = 0$,此时算法为最优,因此不妨假设 $p \leqslant M_1 < 2p$.

1 若 $M_1 > M_2 + p_n$,可得

$$\frac{C_{max2}(J)}{C^*(J)} \leqslant \frac{2M_1}{M_1 + M_2 + p_n} < \frac{2 \times 2p}{2p + p} = \frac{4}{3}.$$

2 若 $M_1 \leqslant M_2 + p_n$,可得

$$\frac{C_{max2}(J)}{C^*(J)} \leqslant \frac{2(M_2 + p_n)}{M_1 + M_2 + p_n} < \frac{2 \times (p + rp)}{p + p + rp} = \frac{2(1+r)}{2+r}.$$

情形 2 $M_2 \geqslant p$.

如果 $M_1 < p$,则机器 M_2 上有且只有一个最大工件,从而工件 p_n 应该安排在机器 M_1 上加工. 此时若 $M_1 + p_n \leqslant M_2$,显然算法是最优的;若 $M_1 + p_n > M_2$,则

$$\frac{C_{max2}(J)}{C^*(J)} \leqslant \frac{2(M_1 + p_n)}{M_1 + M_2 + p_n} < \frac{2(p + rp)}{2p + rp} = \frac{2(1+r)}{2+r}.$$

如果 $M_1 \geqslant p$,下面分两种情形讨论:

1 如果工件 p_n 被安排在机器 M_1 上加工,则 $M_2 \geqslant M_1$.

a) 若 $M_1 + p_n \geqslant M_2$,则由

$$M_1 + p_n \leqslant M_1 + rp \leqslant M_2 + rM_2,$$

可得

$$(2+r)(M_1 + p_n) \leqslant (1+r)(M_1 + M_2 + p_n).$$

因此

$$\frac{C_{max2}(J)}{C^*(J)} \leqslant \frac{2(M_1 + p_n)}{M_1 + M_2 + p_n} \leqslant \frac{2(1+r)}{2+r}.$$

b) 若 $M_1 + p_n < M_2$. 由引理 2 可得 $M_2 \leqslant M_1 + rp$, 从而

$$\frac{C_{\max 2}(J)}{C^*(J)} \leqslant \frac{2M_2}{M_1 + M_2 + p_n} < \frac{2M_2}{M_1 + M_2}$$

$$\leqslant \frac{2(M_1 + rp)}{2M_1 + rp} \leqslant \frac{2(1+r)}{2+r}.$$

2 如果工件 p_n 被安排在机器 M_2 上加工, 则 $M_1 \geqslant M_2 \geqslant p$.

a) 若 $M_1 \geqslant M_2 + p_n$. 注意到此时机器 M_2 的负载为 $M_2 + p_n$, 由引理 2 可得 $M_1 \leqslant M_2 + p_n + rp$. 从而

$$\frac{C_{\max 2}(J)}{C^*(J)} \leqslant \frac{2M_1}{M_1 + M_2 + p_n} \leqslant \frac{2(M_2 + p_n + p_{\max})}{2(M_2 + p_n) + p_{\max}}$$

$$< 1 + \frac{p_{\max}}{2M_2 + p_{\max}} \leqslant \frac{2(1+r)}{2+r}.$$

b) 若 $M_1 < M_2 + p_n$. 由引理 2 可得 $M_2 + p_n \leqslant M_1 + p_{\max}$, 从而

$$\frac{C_{\max 2}(J)}{C^*(J)} \leqslant \frac{2(M_2 + p_n)}{M_1 + M_2 + p_n} \leqslant \frac{2(M_1 + p_{\max})}{2M_1 + p_{\max}} = 1 + \frac{p_{\max}}{2M_1 + p_{\max}} \leqslant \frac{2(1+r)}{2+r}.$$

定理证毕.

定理 4 当 $1 \leqslant r \leqslant \dfrac{5}{3}$ 时, 任何算法解 $P2 \mid known\ largest\ job$

$interval \mid C_{\max}$ 问题的竞争比大于 $\dfrac{4}{3}$.

证明 设 $p_1 = p_2 = \dfrac{rp}{2}$. 若某算法 A 把它们放在同一台机器上加工, 则最后来两个最大工件 $p_3 = p_4 = p_{\max} = rp$ 后不再来其他工件. 显然 $C^*(J) = \dfrac{3rp}{2}$, $C_A(J) = 2rp$. 从而 $\dfrac{C_A(J)}{C^*(J)} = \dfrac{4}{3}$. 若算法 A 把它们放在不同机器上加工, 则再来一个最大的工件 $p_3 = p_{\max} = rp$ 后不再来其

他的工件. 显然 $C^*(J) = rp$, 而 $C_A = \dfrac{3rp}{2}$, 从而 $\dfrac{C_A(J)}{C^*(J)} = \dfrac{3}{2}$.

定理 5 当 $\dfrac{5}{3} \leqslant r < 2$ 时, 任何算法解 $P2 \mid known\ largest\ job\ interval \mid C_{\max}$ 问题的竞争比不小于 $\dfrac{1+r}{2}$.

证明 设 $p_1 = p_2 = p$. 若某算法 A 把它们放在同一台机器上加工, 则不再来其他工件. 显然 $\dfrac{C_A}{C^*} = 2$. 若算法 A 把它们放在不同机器上加工, 则再来一个最大的工件 $p_{\max} = rp$ 后不再来其他的工件. 显然 $C^* = 2p$, 而 $C_A = p + rp$, 从而 $\dfrac{C_A}{C^*} = \dfrac{1+r}{2}$.

定理 6 当 $1 \leqslant r < 2$ 时, $interval$ 算法解 $P2 \mid known\ largest\ job\ interval \mid C_{\max}$ 问题的竞争比与最优算法解此问题的竞争比之差不大于 $\dfrac{4}{33}$.

证明 令 dif 表示两者之差. 当 $1 \leqslant r \leqslant \dfrac{5}{3}$ 时, $dif \leqslant \dfrac{2+2r}{2+r} - \dfrac{4}{3} \leqslant \dfrac{4}{33}$. 当 $\dfrac{5}{3} < r < 2$ 时, $dif \leqslant \dfrac{2+2r}{2+r} - \dfrac{1+r}{2} < \dfrac{4}{33}$.

把 $interval$ 算法和 LS 综合起来就得 $Pinterval$ 算法. 下面定理 7 的证明是显然的.

$Pinterval$ 算法:

若 $1 \leqslant r < 2$, 则按 $interval$ 算法加工所有的工件; 若 $r \geqslant 2$, 则按 LS 算法加工所有的工件.

定理 7 当 $1 \leqslant r < 2$ 时, $Pinterval$ 算法解 $P2 \mid known\ largest\ job \mid C_{\max}$ 问题的竞争为 $\dfrac{2(1+r)}{2+r}$; 当 $r \geqslant 2$ 时其竞争比为 $\dfrac{3}{2}$ 且是最优的.

由于任何算法解 $P2 \mid known\ largest\ job\ interval \mid C_{\max}$ 问题的竞

争比至少为 $\frac{4}{3}$，因而可知下面的推论成立.

推论 2　当 $r=1$ 时，$Pinterval$ 算法是最优的.

定理 8　$Pinterval$ 算法是紧的.

证明　易知我们只需证明存在实例使得当 $1<r<2$ 时 $R_{Pinterval}=\frac{2(1+r)}{2+r}$ 成立即可. 考虑如下的实例，假设有四个工件：$p_1=\left(1-\frac{r}{2}\right)p$，$p_2=\left(\frac{r}{2}-\varepsilon\right)p$，$p_3=p$，$p_4=p_{\max}=rp$，其中 ε 是任意小的非负实数. 由 $Pinterval$ 算法易知工件 p_1，p_2，p_4 应放在机器 M_1 上加工，工件 p_3 应放在机器 M_2 上加工. 显然 $C_{Pinterval}=(1+r-\varepsilon)p$，而 $C^*=\left(1+\frac{r}{2}\right)p$，从而 $R_{Pinterval}=\frac{2(1+r)}{2+r}$.

§6.2　P2|*Known largest job interval*|$C_{\min}$问题

先考虑 $1\leqslant r<2$ 的情形，我们给出定理 1.

定理 1　$interval$ 算法解 $P2\,|\,known\ largest\ job\ interval\,|\,C_{\min}$ 问题的竞争比为 $1+\frac{r}{2}(1\leqslant r<2)$.

证明　设 p_n 是最后一个到达的工件，两台机器在 p_n 被安排之前的负载分别为 M_1，M_2. 考虑以下两种情形.

情形 1　$M_2<p$. 此时由上一节的引理 1 知 $p_n=p_{\max}$，工件 p_n 应安排在机器 M_2 上加工且 $M_1<2p$. 若 $M_1<p$，则 $M_2=0$，故算法为最优，因此不妨假设 $p\leqslant M_1<2p$.

1　若 $M_1>M_2+p_n$，则

$$\frac{C^*(J)}{C_{\min2}(J)}\leqslant\frac{M_1+M_2+p_n}{2(M_2+p_n)}<\frac{1}{2}+\frac{2p}{2p}=\frac{3}{2}.$$

2　若 $M_1\leqslant M_2+p_n$，则由 $M_2<M_1$ 得

$$\frac{C^*(J)}{C_{\min 2}(J)} \leqslant \frac{M_1 + M_2 + p_n}{2M_1} < 1 + \frac{rp}{2p} = 1 + \frac{r}{2}.$$

情形 2 $M_2 \geqslant p$.

1 如果工件 p_n 被安排在机器 M_1 上加工.

若 $M_1 + p_n \leqslant M_2$. 如果此时 $M_1 + p_n \leqslant p$, 则 $M_1 < p$. 下面证明已安排在机器 M_2 上加工的工件有且只有一个最大工件. 若机器 M_2 上没有最大工件则 p_n 一定是最大工件, 因此 $M_1 + p_n > p$, 矛盾. 若机器 M_2 上有非最大工件或者有两个以上的最大工件, 则此非最大工件和第二个最大工件按 *interval* 算法应该安排在机器 M_1 上加工, 矛盾. 因此已安排在机器 M_2 上加工的工件有且只有一个最大工件, 故此时算法是最优的. 下面我们假设 $M_1 + p_n > p$, 注意到此时机器 M_1 的负载为 $M_1 + p_n$, 由上一节引理 2 可得 $M_2 \leqslant M_1 + p_n + p_{\max}$. 从而

$$\frac{C^*(J)}{C_{\min 2}(J)} \leqslant \frac{M_1 + M_2 + p_n}{2(M_1 + p_n)} \leqslant \frac{1}{2} + \frac{M_1 + p_n + p_{\max}}{2(M_1 + p_n)} < 1 + \frac{r}{2}.$$

若 $M_1 + p_n > M_2$. 如果 $M_1 + p_n < 2p$, 则显然 $M_1 + p_n < M_2 + p_{\max}$. 如果 $M_1 + p_n \geqslant 2p$, 则 p_n 安排在机器 M_1 上是执行 LS 算法的结果, 因此 $M_1 \leqslant M_2$, 从而 $M_1 + p_n \leqslant M_2 + p_{\max}$. 由此可得

$$\frac{C^*(J)}{C_{\min 2}(J)} \leqslant \frac{M_1 + M_2 + p_n}{2M_2} \leqslant 1 + \frac{p_{\max}}{2M_2} \leqslant 1 + \frac{r}{2}.$$

2 如果工件 p_n 被安排在机器 M_2 上加工, 显然是按 LS 算法安排工件的, 因此 $M_2 \leqslant M_1$.

若 $M_2 + p_n \leqslant M_1$, 则由 $M_1 \leqslant M_2 + p_n + p_{\max}$ 可得

$$\frac{C^*(J)}{C_{\min 2}(J)} \leqslant \frac{M_1 + M_2 + p_n}{2(M_2 + p_n)} = \frac{1}{2} + \frac{M_1}{2(M_2 + p_n)}$$

$$\leqslant \frac{1}{2} + \frac{M_2 + p_n + p_{\max}}{2(M_2 + p_n)}$$

$$= 1 + \frac{p_{\max}}{2(M_2 + p_n)} < 1 + \frac{r}{2}.$$

若 $M_2 + p_n > M_1$，则由 $M_2 \leqslant M_1$ 可得

$$\frac{C^*(J)}{C_{\min 2}(J)} \leqslant \frac{M_1 + M_2 + p_n}{2M_1} \leqslant 1 + \frac{p_{\max}}{2M_1} \leqslant 1 + \frac{rp}{2p} = 1 + \frac{r}{2}.$$

定理证毕.

定理 2 当 $1 \leqslant r < 2$ 时，LS 算法解 $P2 \mid known\ largest\ job\ interval \mid C_{\min}$ 问题的竞争比为 2.

证明： 考虑下面的实例. 假设三个工件分别是 $p_1 = p_2 = \frac{\beta p}{2}$，

$p_3 = p_{\max} = \beta p (1 \leqslant \beta \leqslant r)$. 显然 $C^* = \beta p$，$C_{LS} = \frac{\beta p}{2}$. 从而 $\frac{C^*}{C_{LS}} = 2$.

定理 3 当 $r \geqslant 2$ 时，任何算法解 $P2 \mid known\ largest\ job\ interval \mid C_{\min}$ 问题的竞争比不小于 2.

证明 设 $p_1 = p_2 = p$. 若某算法 A 把它们放在同一台机器上加工，则不再来其他工件. 显然 $\frac{C^*(J)}{C_A(J)} \to \infty$. 若算法 A 把它们放在不同机器上加工，则再来一个最大的工件 $p_3 = p_{\max} = 2p$ 后不再来其他的工件. 显然 $C^* = 2p$，而 $C_A = p$，从而 $\frac{C^*(J)}{C_A(J)} = 2$.

由于 LS 算法解 $P2 \mid\mid C_{\min}$ 问题的竞争比为 2 且是最优的，因此下面的推论 1 成立.

推论 1 当 $r \geqslant 2$ 时，LS 算法是解 $P2 \mid known\ largest\ job\ interval \mid C_{\min}$ 问题的最优算法.

定理 4 当 $1 \leqslant r \leqslant \frac{3}{2}$ 时，任何算法解 $P2 \mid known\ largest\ job\ interval \mid C_{\min}$ 问题的竞争比不小于 $\frac{3}{2}$.

证明 设 $p_1 = p_2 = \dfrac{rp}{2}$. 若某算法 A 把它们放在同一台机器上加工，则最后来两个最大工件 $p_3 = p_4 = p_{\max} = rp$ 后不再来其他工件. 显然 $C^*(J) = \dfrac{3rp}{2}$, $C_A(J) = rp$. 从而 $\dfrac{C^*(J)}{C_A(J)} = \dfrac{3}{2}$. 若算法 A 把它们放在不同机器上加工，则再来一个最大的工件 $p_3 = p_{\max} = rp$ 后不再来其他的工件. 显然 $C^*(J) = rp$, 而 $C_A = \dfrac{rp}{2}$, 从而 $\dfrac{C^*(J)}{C_A(J)} = 2$.

下面的推论 2 显然成立.

推论 2 当 $r=1$ 时，*interval* 算法是解 $P2 \mid known\ largest\ job\ interval \mid C_{\min}$ 问题的最优算法.

定理 5 当 $\dfrac{3}{2} \leqslant r < 2$ 时，任何算法解 $P2 \mid known\ largest\ job\ interval \mid C_{\min}$ 问题的竞争比不小于 r.

证明 设 $p_1 = p_2 = p$. 若某算法 A 把它们放在同一台机器上加工，则不再来其他工件. 显然 $\dfrac{C^*(J)}{C_A(J)} \to \infty$. 若算法 A 把它们放在不同机器上加工，则再来一个最大的工件 $p_3 = p_{\max} = rp$ 后不再来其他的工件. 显然 $C^* = rp$, 而 $C_A = p$, 从而 $\dfrac{C^*(J)}{C_{\min 2}(J)} = r$.

定理 6 当 $1 \leqslant r < 2$ 时，*interval* 算法解 $P2 \mid known\ largest\ job\ interval \mid C_{\min}$ 问题的竞争比与最优算法解此问题的竞争比之差不大于 $\dfrac{1}{4}$.

证明 令 dif 表示两者之差. 当 $1 \leqslant r \leqslant \dfrac{3}{2}$ 时，$dif \leqslant 1 + \dfrac{r}{2} - \dfrac{3}{2} = \dfrac{r-1}{2} \leqslant \dfrac{1}{4}$. 当 $\dfrac{3}{2} < r < 2$ 时，$dif \leqslant 1 + \dfrac{r}{2} - r = 1 - \dfrac{r}{2} < \dfrac{1}{4}$.

下面定理 7 的证明是显然的.

定理 7 当 $1 \leqslant r < 2$ 时，*Pinterval* 算法解 $P2 \mid known\ largest$

job interval $\mid C_{\min}$ 问题的竞争为 $1+\dfrac{r}{2}$；当 $r \geqslant 2$ 时其竞争比为 2 且
是最优的.

定理 8 *Pinterval* 算法是紧的.

证明 由前一节定理 8 的实例可知结论成立.

在本章中我们考虑了已知工件最大加工时间这一半在线模型的松弛，显然松弛后的结果比松弛前的结果要弱，这是因为松弛后的半在线模型的信息更少，但只要比在线模型的结果好我们就认为松弛后的半在线模型是有意义的. 同样的道理我们可以对已知工件总加工时间（Known sum）以及已知实例最优解值（Known optimum）这两个半在线模型进行松弛，得到两个新的半在线模型：已知工件总加工时间在某一区域内（Known sum interval）半在线模型以及已知实例最优解值在某一区域内（Known optimum interval）半在线模型.

第七章 小 结

本文主要考虑平行机半在线问题. 将排序问题分为在线与离线两类问题是组合优化学界沿袭近三十年的传统做法. 半在线模型的引入丰富了已有的排序模型, 使其更能全面地反映客观实际. 本文所指的"在线"是经典意义上的, 即所有的工件都在零时刻到达, 只是它们的信息不为排序者所知, 我们称之为 online over list. 如果工件有到达时间, 则称为 online over time.

本文首先总结了近年来出现的各个半在线模型及其有关结果, 并对已知工件最大加工时间、已知工件总加工时间这两个模型作了重点讨论, 且在最后引入了一个新的半在线模型: 已知工件总加工时间在某一区域内.

对已知工件最大加工时间这个半在线模型, 本文用了两章(第二章、第三章)的篇幅分别就 $C_{\min}$, $C_{\max}$ 这两个目标函数进行讨论, 得到一些比较理想的结果, 有些结果还是最优的. 当然对此模型的讨论还可以进行下去, 比如对没有得到最优结果的问题我们可以寻找最优算法, 等等.

对已知工件总加工时间这个半在线模型, 本文也用了两章(第四章、第五章)的篇幅进行讨论. 这两章分别讨论了机器不带及带有准备时间这两种情形, 上述的研究还可以深入下去. 例如由第四章定理 5 我们可以知道, 当 $s = \dfrac{1+\sqrt{5}}{2}$ 时 $Q2\min$ 算法是最优的, 虽然第四章定理 4 表明 $Q2\min$ 算法与最优算法之差已经很小, 但当 $s \neq \dfrac{1+\sqrt{5}}{2}$ 时 $Q2\min$ 算法是否最优的我们不得而知, 因此证明 $Q2\min$ 算法是最优的或者寻找最优的算法是一件有意义的事情. 同时我们也可以考虑

$m \geqslant 3$ 的情形.

最后讨论了半在线模型的松弛，引入了一个新的模型：已知工件总加工时间在某一区域内. 本文仅考虑了两台同型机的情形，显然此模型还有很多工作可以做下去. 同时我们还可以讨论已知工件总加工时间在某一区域内（Known sum interval）半在线模型以及已知实例最优解值在某一区域内（Known optimum interval）半在线模型.

参 考 文 献

[1] Albers, S.. Better bounds for online scheduling. Proceedings of the 29th Annual ACM Symposium on Theory of Computing, 1997: 130 - 139.

[2] Aspnes, J. , Azar, Y. , Fiat, A. , et al.. On-line load balancing with applications to machine scheduling virtual circuit routing. J. of the Assoc. for Compu. Machinery, 1997 (44): 486 - 504.

[3] Azar, Y. , Epstein, L.. On-line machine covering, Algorithms-ESA'97, Lecture Notes in Computer Science, 1284, Springer-Verlag, 1997: 23 - 36.

[4] Azar, Y. , Regev, O. Online bin stretching. Proc. of Random' 98, Lecture Notes in Computer Science, Springer-Verlag, 1998: 71 - 82.

[5] Ben- David, S. , Borodin, A. , Karp, R. , Tardos, G. , Wigderson, A. On the power of randomization in on-line algorithms. Algorithmca, 1994,11: 2 - 14.

[6] Ben-David, S. , Dichterman, E. , Noga, J. , Seiden, S. On the power of barely random on-line algorithms, 2001. (Unpublished manuscript)

[7] Bartal, Y. , Fiat, A. , Rabani, Y. A better lower bound for on-line scheduling. Inform. Process. Lett. , 1994. 50: 113 - 116.

[8] Bartal, Y. , Fiat, A. , Karloff, H. , Vohra, R. New algorithms for an ancient scheduling problem. Journal of

Computer and System Science,1995,51：359 - 366.

[9] Chen，B.：A review of on-line machine scheduling：
     Algorithms and Competitiveness. 数学理论与应用，1999,19
     (3)：1 - 15.

[10] Csirik，T.，Kellerer，H.，Woeginger，G. The exact LPT-
     bound for maximizing the minimum machine completion
     time. Operations Research Letters，1992,11：281 - 287.

[11] Conway，R. W.，Maxwell，W. L.，Miller. L. W. Theory of
     scheduling. Addison-Wesly Publishing Company. Reading.
     Massachusetts，1967.

[12] Chen，B.，Potts，C. N.，Woeginger，G. A Review of
     machine scheduling：Complexity, algorithms and approximability//
     Du, D. -Z. and Pardahs, P. M. Hand Book of Combinatorial
     Optimization. Kluwer Academic Publishers,1998.

[13] Cho，Y.，Sahni，S. Bounds for list schedules on uniform
     processors. SIAM J. on Computing, 1980, 9：91 - 103.

[14] Chen，B.，Vliet，A. V.，Woeginger，G. J. New lower and
     upper bounds for on-line scheduling. Oper. Res. Letters,
     1994，16：221 - 230.

[15] Deuermeyer，B. L.，Friesen，D. K.，Langston，M. A.
     Scheduling to maximize the minimum processor finish time in
     a mutiprocessor system，SIAM J. Algorithms Discrete
     Methods，1982，3：190 - 196.

[16] Epstein，L.，Noga，J.，Seiden，S.，Sgall，J.，Woeginger，
     G. Randomized on-line scheduling on two uniform machines.
     Journal of Scheduling, 2001, 4：71 - 92.

[17] Fisher，M. L.：Worst-case analysis of heuristic algorithms.
     Man. Sci. , 1980, 26：1 - 17.

[18] Faigle，V.，Kern，W.，Turan，G. On the performance of

on-line algorithms for partition problems. Acta Cybernetica, 1989, 9: 107 – 119.

[19] Fiat, A., Woeginger, G. Competitive analysis of algorithms. In online algorithms: The State of Art, eds. Fiat A. and Woeginger G., Lecture Notes in Computer Sciences 1442, Springer Verlay, 1998: 1 – 12.

[20] Graham, R. L., Lawler, E. L., Lenstra, J. K., Rinnooy Kan, A. H. G. Optimization and approximation in deterministic sequencing and scheduling: A survey. Annals of Operations Research, 1979,5: 287 – 326.

[21] Galambos, G., Woeginger, G. J. An on-line scheduling heuristic with better worse case ratio than Graham's List Scheduling. SIAM J. on Computing, 1993,22: 349 – 355.

[22] Graham, R. L. Bounds for certain multiprocessing anomalies. The Bell System Technical Journal, 1966, 45: 1563 – 1581.

[23] Graham, R. L. Bounds on mutiprocessing finishing anomalies. SIAM Jornal on Applied Mathematics, 1969,17: 416 – 429.

[24] Grove, E. F. On-line binpacking with lookahead. In Proc. of 6th Annual ACMSIAM Symp. on Discrete Algorithms, 1995: 430 – 436.

[25] Hofri, M. Probabilistic analysis of algorithms. Springer-Verlag, New York, 1987.

[26] He, Y. Parametric LPT-bound on parallel machine scheduling with nonsimultaneous machine available time. Asia-Pacific Journal of Operations Research, 1998, 15: 29 – 36.

[27] He, Y. The optimal on-line parallel machine scheduling,

Computers & Mathematics with Applications，2000，39：
117 - 121.

[28]　He, Y. Semi on-line scheduling problem for maximizing the
minimum machine completion time, Acta Mathematica
Applicate Sinica, 2001,17：107 - 113.

[29]　何勇，唐国春. 排序的贪婪算法的参数上界. 运筹学学报，
1999,3：56 - 64.

[30]　He, Y. , Tan, Z. Ordinal on-line scheduling for maximizing
the minimum machine completion time. Journal of
Combinational Optimization，2002,6：199 - 206.

[31]　He, Y. , Tan, Z. Y. Randomized on-line and semi-on-line
scheduling on identical machines. Asia-Pacific Journal of
Operational Research，2003,20：31 - 40.

[32]　He, Y. , Yang, Q. , Tan, Z. Algorithms for semi on-line
multiprocessor scheduling. Journal of Zhejiang University
Science, 2002,3：60 - 64.

[33]　何勇，杨启帆，谈之奕. 平行机半在线排序问题研究（Ⅰ）[J].
高校应用数学学报，2003,18(1)：105 - 114.

[34]　何勇，杨启帆，谈之奕. 平行机半在线排序问题研究（Ⅱ）[J].
高校应用数学学报，2003,18(2)：213 - 222.

[35]　He, Y. , Zhang, G. Semi on-line scheduling on two identical
machines. Computing, 1999,62：179 - 187.

[36]　Johson, S. M. Optimal two- and three-stage production
schedules with set up times included. NRL, 1954,1：61 - 68.

[37]　Kellerer, H. , Kotov, V. , Speranza, M. R. , Tuza, Z. Semi
on-line algorithms for the partition problem. Operations
Research Letters, 1997,21：235 - 242.

[38]　Karger, D. R. , Phillips, S. J. , Torng, E. A better
algorithm for an ancient scheduling problem. J. of

Algorithms, 1996,20: 400 - 430.

[39] Lawler, E. L. Combinatorial Optimization: Networks and Matroids. Holt, Rinehart and Winston, Toronto,1976.

[40] Lee, C. Y. parallel machine scheduling with non-simutaneous machine avaliable time. Discrete Applied Mathematics, 1991, 30: 53 - 61.

[41] Lee, C. Y. , He, Y. , Tang, G. A note on "Parallel machine scheduling with non-simultaneous machine available time". Discrete Applied Mathematics, 2000,100: 133 - 135.

[42] 李忠义, Massey, J. D. Multiprocessor scheduling: An extension of the MULTIFIT algorithm. Journal of Manufacturing System, 1998,7: 25 - 32.

[43] Liu, W. P. , Sidney, J. B. Bin packing using semi-ordinal data. Operations Research Letters, 1996,19: 101 - 104.

[44] Liu, W. P. , Sidney, J. B. Ordinal algorithms for packing with target center of gravity. Order, 1996,13: 17 - 31.

[45] Liu, W. P. , Sidney, J. B. , Van Valiet, A. Ordinal algorithms for parallel machine scheduling. Operations Research Letters, 1996,18: 223 - 232.

[46] Mao, W. , Kincaid, R. K. A look-ahead heuristic for scheduling jobs with release dates on a single machine. Computers and Operations Research, 1994,10: 1041 - 1050.

[47] Motwani, R. , Phillips, S. , Torng, E. Non-Clairvoyant scheduling. In Proc. of 4th Annual ACM-SIAM Symp. On Discrete Algorithms, 1993: 422 - 431.

[48] Mahadev, N. V. R. , Pekec, A. , Roberts, F. S. On the meaningfulness of optimal solutions to scheduling problems: Can an optimal solution be monoptimal. Operations Research, 1998,46: 120 - 134.

［49］ Motwani，R.，Raghaven，P. Randomized algorithm. Combridge University Press，1997.

［50］ Pinedo，M. Scheduling：Theory，algorithms and systems. Prentice Hall，Engwood Cliffs，NJ，1995.

［51］ Raghaven，P.，Snir,M. Memory versus randomization in on-line algorithms. IBM Journal of Research and Development，1994,38：683－717.

［52］ Seiden，S.，Sgall，J.，Woeginger，G. Semi-online scheduling with decreasing job sizes. Operations Research Letters，2000,27：215－221.

［53］ Sleator，D.，Tarjan，R. E. Amortized efficiency of list update and paging rules. Communications of the ACM，1985,28：202－208.

［54］ Shmoys，D. B.，Wein，J.，Williamsan，D. P. Scheduling parallel machines on-line. SIAM Journal on Computing，1995,24：1313－1331.

［55］ 唐国春. 现代排序引论.上海：上海科学普及出版社,2003.

［56］ 唐恒永,赵传立.排序导论.北京：科学出版社,2002.

［57］ 谈之奕. 同类机半在线排序问题及相关问题研究. 浙江大学博士学位论文，2001.

［58］ Tan，Z.，He，Y. Semi-online scheduling with ordinal date on two uniform machines. Operations Research Letters，2001,28：221－231.

［59］ 谈之奕,何勇.同类机半在线排序问题及其近似算法. 系统工程理论与实践，2001,21(2)：53－57.

［60］ Tan，Z.，He，Y. Ordinal algorithms for parallel machine scheduling with nonsimultaneous machine available times ［J］，Computer and Mathematics with Appications，2002,43：1521－1528.

[61] 谈之奕，何勇. 带机器准备时间的平行机在线与半在线排序
     [J]. 系统科学与数学，2002,22(4)：414 - 421.

[62] Tan，Z.，He，Y. Semi-on-line problems on two identical
     machines with combined partial information，Operations
     Research Letters，2002,30：408 - 414.

[63] Woeginger，G. A polynomial time approximation scheme for
     miximizing the minimum machine completion time，Oper.
     Res. Letters，1997,20：149 - 154.

[64] 越明义. 组合优化导论.·杭州：浙江大学出版社,2001.

[65] 周仲良,郭镜明. 美国数学的现在和未来. 上海：复旦大学出版
     社,1986.

[66] Zhang G. C.，Cai X. Q.，Wong C. K. Online Scheduling
     with two types of jobs[Z]. 2000. (unpublished manuscript)

作者在攻读博士学位期间公开发表及完成的论文

[1] Luo Runzi，Sun Shijie：Semi On-line Scheduling Problem for Maximizing the Minimum Machine Completion Time on Three Special Uniform Machines. Asia-Pacific Journal of Operational Research，已接收.

[2] Luo Runzi，Sun Shijie：Semi on-line scheduling for maximizing the minimun machine completion time on three uniform machines. 浙江大学学报(英文版)，已接收.

[3] Luo Runzi，Sun Shijie：Semi On-line Scheduling Problem for Maximizing the Minimum Machine Completion Time on m identical Machines. 上海大学学报(英文版)，已接收.

[4] 罗润梓，孙世杰，何龙敏. 已知工件最大加工时间的三台同类机半在线问题. 应用数学学报，已投稿.

[5] Luo Runzi，Sun Shijie：Semi On-line Scheduling Problem for Maximizing the Minimum Machine Completion Time on two Uniform Machines. 系统科学与复杂性，已投稿.

[6] 罗润梓，孙世杰. 已知工件最大加工时间的两台同类机半在线问题. 系统科学与数学，已投稿.

[7] 罗润梓，孙世杰. 已知工件总加工时间的两台同类机半在线问题. 工程数学学报，已投稿.

[8] Luo Runzi，Sun Shijie：Semi On-line Scheduling Problem on m Indentical Parallel Machines. Information Processing Letters，已投稿.

[9] Luo Runzi，Sun Shijie：Semi On-line Scheduling Problem for

Maximizing the Minimum Machine Completion Time. Operations Research Letters,已投稿.

[10] He Longmin, Sun Shijie, Luo Runzi: A Flexible Flowshop Scheduling Problem with Dedicated Parallel Machines and Batch Processor. Asia-Pacific Journal of Operational Research, 已投稿.

[11] 何龙敏,孙世杰,罗润梓. 带成组加工的二阶段柔性流水作业问题. 系统科学与数学,已投稿.

致　谢

首先,我把最衷心的感谢和深深的敬意送给导师孙世杰教授. 三年来,作者深得导师的谆谆教诲和悉心指导,无论是论文的选题、还是论文的研究、直至论文的撰写都倾注了导师大量的心血. 导师渊博的知识、敏捷的思维、创新的精神、严谨的治学态度以及无私的敬业精神是我学习的楷模;导师循循善诱、诲人不倦的指导作风使我受益匪浅;导师平易近人、为人师表的风范是我做人的榜样.

我衷心地感谢浙江大学数学系何勇教授及谈之奕博士,他们为作者的研究提供了不少的资料,对本文的顺利完成给予了很大的帮助.

我衷心地感谢师兄陈全乐博士,他在香港给我寄了很多在内地难以找到的文献,为本文的顺利完成助了一臂之力. 我还要感谢何龙敏、丁国生、程明宝以及谭芳等师兄弟妹们,感谢他们对我学习和生活上的帮助,我们在一起度过的那一段美好时光将终生难忘.

最后要感谢多年来一直支持和关爱我的家人,他们总是在我最需要的时候给予无私的奉献和不计任何回报的付出. 特别要感谢我的妻子刘春莲女士,是她承担了繁重的家务以及抚养教育小孩的重任,使我免去后顾之忧得以顺利完成学业.

罗润梓

2005 年 4 月